U0963956

浙江省普通本科高校“十四五”重点教材

动物生物化学实验

主　编　杨仙玉

副主编　吴艳萍　关立增　张　伟

主　审　刘维全

科学出版社

北　京

内 容 简 介

动物生物化学是涉农院校动物科学和动物医学等专业的重要基础课，动物生物化学实验是其重要补充。随着国家越来越重视实践教学课程，越来越多的院校将动物生物化学实验设为独立课程，因此，相应的实验教材显得愈发重要。

本书正是在这样的背景下编写完成的，全书共分三篇。第 1 篇为基础知识，对学生学习该课程提出基本要求，对重要实验技术（电泳、沉淀、层析）进行了简明介绍，对常用的实验仪器进行了较为详尽的说明；第 2 篇为实验，共包含 40 个实验，依次介绍糖、脂、氨基酸和蛋白质、酶和维生素、核酸以及基因工程相关实验；第 3 篇为经验分享。

本书中凝练了实验内容，并对实验内容反复确认，确保实验的成功。本书所涵盖的内容（糖、脂、氨基酸和蛋白质、酶和维生素、核酸以及基因工程）能够满足涉农院校专科、本科乃至研究生教学的需求，可作为教材或重要参考书使用。

图书在版编目(CIP)数据

动物生物化学实验 / 杨仙玉主编. —北京：科学出版社，2023.8
(浙江省普通本科高校“十四五”重点教材)

ISBN 978-7-03-075881-1

Ⅰ. ①动… Ⅱ. ①杨… Ⅲ. ①动物学-生物化学-实验-教材
Ⅳ. ①Q5-33

中国国家版本馆 CIP 数据核字（2023）第 109452 号

责任编辑：万瑞达 / 责任校对：马英菊
责任印制：吕春珉 / 封面设计：曹 来

科学出版社 出版
北京东黄城根北街 16 号
邮政编码：100717
http://www.sciencep.com
廊坊市都印印刷有限公司印刷
科学出版社发行 各地新华书店经销
*
2023 年 8 月第 一 版 开本：787×1092 1/16
2023 年 12 月第二次印刷 印张：8 3/4
字数：200 000
定价：39.00 元
（如有印装质量问题，我社负责调换〈都印〉）
销售部电话 010-62136230 编辑部电话 010-62135319-2030

版权所有，侵权必究

本书编审人员

主　编　杨仙玉（浙江农林大学）

副主编　吴艳萍（浙江农林大学）

关立增（临沂大学）

张　伟（河南科技学院）

参　编（按姓氏笔画排序）

马兰婷（山东农业大学）

王　芳（山东农业大学）

白　莹（河北工程大学）

刘京鸽（金陵科技学院）

李　妍（河北农业大学）

李树伟（塔里木大学）

汪　涵（浙江农林大学）

宋　丹（浙江农林大学）

宋旭琴（贵州大学）

张金璧（金陵科技学院）

张宽朝（安徽农业大学）

张瑞强（浙江农林大学）

陈晓勇（温州科技学院）

金航峰（浙江农林大学）

钟孝俊（浙江农林大学）

柴文琼（聊城大学）

高亚辉（河北工程大学）

韩苗苗（山西农业大学）

主　审　刘维全（中国农业大学）

前　言

动物生物化学实验是我国农林院校动物科学和动物医学等专业的基础必修课，课程的开设旨在巩固理论知识，使学生掌握动物生物化学实验相关原理、操作方法，锻炼和提高学生实验操作能力和科学研究能力。在这个过程中，学生要树立和践行社会主义核心价值观，为今后更深层次的学习和胜任相关社会工作奠定坚实的基础。

课程简介

本书为新形态教材，书中的内容大部分已完成相应共享课程建设（国家高等教育智慧教育平台，https://higher.smartedu.cn；智慧树网，https://coursehome.zhihuishu.com/courseHome/1000002441/157260/19#review），登陆平台读者可进行学习。另外，所有实验内容对购书者免费提供教学 PPT。本书在充分参考同类教材的基础上，注重以下几点：

（1）试剂制备、实验方法和步骤阐述清晰，无须反复查阅资料进行确证；

（2）溶液按实际需要量制备，减少浪费，减少废液的产生；

（3）以观察到实验结果为基本标准，减少动物实验材料的使用量；

（4）现代技术替代传统方法（如离心替代纱布或滤纸过滤），提高实验效率；

（5）微量移液器替代滴管，提高实验的准确性；

（6）所选实验均在全国十多所农林院校实施范围内。

各位编者在共享课程建设和本书编写过程中的贡献如下：杨仙玉为在线课程建设负责人，并负责本书 1.1～1.3 节，2.1 节、2.3 节，3.1～3.4 节，实验 13、15、18、21、22、28、40 以及经验分享和附录的编写；吴艳萍为在线课程建设主要参与者，并负责本书实验 10、11、17、19 的编写；关立增负责本书实验 1、6 的编写；张伟负责本书实验 14 的编写：马兰婷负责本书实验 12、25 的编写；王芳负责本书实验 30 的编写；白莹负责本书实验 39 的编写；李树伟负责本书实验 5、8 的编写；李妍负责本书实验 20 的编写；刘京鸽负责本书实验 3 的编写；陈晓勇负责本书实验 35、36 的编写；汪涵参与在线课程建设，并负责本书实验 34 的编写；宋丹负责本书实验 29、31、33 的编写；宋旭琴负责本书 2.2 节以及实验 4、9 的编写；张金璧负责本书实验 16 的编写；张宽朝负责本书实验 7 的编写；张瑞强参与在线课程建设，并负责本书 3.5 节、3.8 节的编写；钟孝俊负责本书实验 27、32 的编写；金航峰参与在线课程建设，并负责本书 3.6 节、3.7 节的编写；柴文琼负责本书实验 24、26 的编写；高亚辉负责本书实验 37、38 的编写；韩苗苗负责本书实验 2、23 的编写。

本书由浙江农林大学杨仙玉统稿、定稿。中国农业大学刘维全教授担任主审，提出了很多宝贵的意见，再次表示感谢。

在整个编写过程中，尽管每位编者都本着高度负责的态度，对稿件进行反复检查和修改，主编对全部内容逐字逐句核对，但疏漏之处在所难免。敬请各位同行、读者提出宝贵意见，以便在今后重印、修订或再版时纠正。

目录

第1篇 基础知识

第2篇 实验

第1篇

基础知识

基础知识1　基 本 守 则

即使理论课程成绩很好的学生，一旦进入实验室，往往表现得不知所措，当然，他们也很兴奋，这说明学生对实验感兴趣的同时，对实验室的规则和要求还没有清晰的概念。因此，在学生最初进入实验室时，向学生介绍实验室学生基本守则以及实验室仪器的使用方法、要求等十分必要。在本章中，除了介绍学生基本守则和实验室仪器的安全使用与维护的具体要求之外，对电子实验报告的撰写也提出了明确要求。通过学习本课程，培养学生遵守规则，养成良好的实验习惯，掌握实验报告的正确撰写方法，同时培养和锻炼学生理论联系实际的思维方式和科学的实验设计；理解实验室运行规则，为今后从事科学研究和实验室管理等相关工作奠定良好基础。

1.1　学 生 守 则

（1）严格按照教师要求，做好课程相关实验内容的预习。

（2）必须穿好实验服，按时到达实验室并坐在指定位置。

（3）进入实验室后，严禁动用与本实验无关的物品，尤其是仪器。

（4）在课堂上，严禁大声喧哗或打闹。

（5）在实验过程中，除课程需要外，严禁使用手机玩游戏或进行与实验无关的操作。

（6）实验以小组为单位实施，严禁由一人或少数人完成全程操作。组员之间应相互友爱和包容，实验操作轮流进行。操作者认真操作，其他成员严格监督。通过组员间通力合作，做到少出错或不出错，最终顺利完成实验。

（7）在实验过程中的等待时间，学生应充分做好下一步的实验准备。

（8）结合实验内容，教师常利用碎片化的时间实施课堂互动，学生应积极参与，发言时做到吐字清晰，声音洪亮。

（9）实验全过程要保持试验台整洁，适时将垃圾按照垃圾分类原则放入指定位置。

（10）实验所涉及的仪器，需要严格按照正确方法操作使用。

（11）实验过程中，在认真操作的同时，还应细心观察实验现象，如实记录所有实验数据，在报告中充分讨论各种现象出现的原因。

（12）实验结束后，清理试验台，清洁实验仪器，并放回原来的位置。

（13）实验结束后，值日生须全面清洁实验室并进行安全检查，待教师确认后方可离开。

（14）实验报告应按照实验报告要求独立完成（实验数据组内共享）。

（15）在实验过程中，因操作不慎造成仪器或器皿等损坏者，应及时向任课教师汇报说明，损失严重时，需写出损坏情况报告，依据学院相关规定进行处理。

（16）凡违反操作规程，擅自动用与本实验无关的仪器或私自拆卸仪器等而造成事故和损失的，责任人必须写书面检查，视情节轻重和认识程度，按照学校规定进行处理和赔偿。

1.2 仪器安全使用与维护

实验室有很多仪器设备，有些与本课程有关，有些则用于其他课程的学习。正确使用并维护好仪器设备是动物生物化学实验顺利实施的基本保障，更是维护师生人身安全和国家财产安全的需要。因此，针对本课程的实验，学生在遵守学生守则的基础上，还应注意并遵守如下的仪器安全使用与维护要求。

（1）实验所涉及的仪器，要求学生课前在线学习其使用方法，线下严格按照正确方法操作使用。实验期间，严禁动用与本课程无关的仪器。

（2）操作用电仪器时，注意仪器各部分之间的连接畅通，若有问题应及时求助教师。

（3）有一些仪器，如恒温设备和离心机等，打开开关后，仪器往往会保留上一次使用时的设定条件。使用这类仪器时，必须确认所设定条件符合实验要求，然后再运行仪器。切忌打开开关后，在没有确认设定条件的情况下运行仪器。

（4）试验室的仪器供多人使用，针对某一些仪器，有使用者默认的设定条件，比如烘箱，通常用来烘干高压灭菌后的潮湿物品（～65℃），也经常用于玻璃和金属器皿的干热灭菌等（165～180℃）。如果使用者需要不同于默认的设定条件，建议贴出提示牌，呈现使用者姓名、手机号、设定的温度条件、预计使用结束的时间等。使用完毕以及待温度降至默认温度以后，撤销提示牌并将温度设定调回默认的条件。使用烘箱时，还需要特别注意安全，以防烫伤。

（5）长时间使用恒温振荡器时，特别是当需要过夜使用时，确保使用过程中不发生滑动。

（6）使用手动玻璃匀浆器时，应严格按照教师演示的方法操作，以防使用者意外受伤。

（7）分析天平使用结束后，须同时清理试验台和天平内部，以防仪器发生腐蚀。

（8）每台仪器使用完毕后，清洁仪器的同时，须将相关配件（如比色皿等）按要求清洗。

为了使学生更好地养成良好的使用实验仪器的习惯，本书专门设一章内容，对动物生物化学实验中常用的几类仪器的使用方法及注意事项进行了详尽的说明，希望学生通过本课程的学习，养成良好的实验习惯和仪器维护的思维，为今后从事相关研究和工作奠定良好的基础。

1.3 实验报告要求

本课程要求，每完成一个实验需要提交一份实验报告。动物生物化学实验报告主要从实验原理、实验目的、主要器材、实验步骤（含方法）、实验结果（可以是数据及其分析或图片等）和讨论等6个方面对已完成的实验进行全面总结，是实验课程的重要组成部分，并从多方面考虑，提交电子实验报告。在互联网发达的今天，很多课程需要借助线上教学平台，电子实验报告便于学生线上提交，线下课程则可以打印提交。通过电子实验报告，学生一方面可以积累在线学习资料，另一方面可以提高学生文本撰写能力。下面针对本书主编单位自实施提交电子实验报告（实验报告模板参见附录1）以来所发现的问题进行总结。

（1）缺少独立封面，有的实验报告虽然有封面，但不够整齐和美观。

（2）报告正文不够规范，体现在字体不统一、字号不统一、行间距不统一等。

（3）对重要的实验方法不进行详细描述。

（4）照搬教材内容，不按实际操作撰写实验报告。

实验报告中的常见问题

（5）度量衡使用错误或不规范，比如将“μL”写成“mL”，“毫升、mL、ml”以及“度、℃”同时出现在一份实验报告中。

（6）文字输入或格式不够规范。①上角标、下角标标注错误。比如：硫酸铜的正确表示方法是“$CuSO_4$”，而不是“CuSO4”；连续6次二倍比稀释的正确表示方法是“2^{-1}、2^{-2}、2^{-3}、2^{-4}、2^{-5}、2^{-6}”，而不是“2-1、2-2、2-3、2-4、2-5、2-6”。②特殊符号使用错误。比如，“β”不应写成“B”。③出现错别字。

（7）对实验结果的图片不进行裁剪、标注，不进行任何文字说明。

（8）讨论不够规范和深入。

实验报告撰写是一种科研训练，准确来说，实验报告是学生对自己所做实验的总结，可作为今后做类似实验时的重要参考资料。纸质版的实验报告，通常提交给教师后，基本不会返还到学生手中，这正是本书建议使用电子实验报告的最主要原因之一。

基础知识2　常用实验技术

动物生物化学实验主要是对糖类、脂类、蛋白质、酶和核酸进行（粗）分离或纯化，然后对其进行鉴定或活性检测，这个过程中涉及很多实验技术方法，包括电泳、沉淀和层析等。在本书的实验中，这些方法重复出现，故特设本章，针对此三种实验技术方法所涉及的原理进行简单介绍，具体操作方法则在对应的实验中进行详细阐述。

2.1　电　泳

带电颗粒在电场中向与其电性相反的电极移动，利用这种原理对物质进行分离的技术就是电泳技术，简称电泳（electrophoresis）。该技术于19世纪初被发现，在20世纪40年代后得到迅猛发展，产生很多不同类型的电泳，但其原理基本都是一致的。

在一定条件下，任何带电颗粒都有自己特定的电泳迁移率。但是，迁移率受很多因素的影响，包括分子量、电场强度、溶液的pH和离子强度等。一般来说，颗粒所带电荷越多、粒子越小、形状越接近球形，电泳迁移率越大；电场强度越高，带电颗粒的电泳速度越快。本课程主要涉及聚丙烯酰胺凝胶电泳（polyacrylamide gel electrophoresis，PAGE）、琼脂糖凝胶电泳（agarose gel electrophoresis）和乙酸纤维素薄膜电泳（cellulose acetate film electrophoresis）。

PAGE和琼脂糖凝胶电泳均需要将样品滴入上样孔（well）（乙酸纤维素薄膜电泳是在膜上使用毛细管点样），但因样品的密度与电泳液相差不大，而且样品本身无色，不进行一定处理则难以确保样品滴入上样孔。为了解决这一问题，需要对样品进行上样缓冲液（loading buffer）处理。上样缓冲液中的甘油（glycerol）增加样品密度，溴酚蓝（bromophenol blue）使样品带上颜色。不论是核酸的还是蛋白质的上样缓冲液，很多生物技术公司均有销售，也可在实验室自己制备。

1. SDS-PAGE

PAGE是以聚丙烯酰胺凝胶作为支持物的一种电泳方式，是蛋白质研究中极其重要的实验技术。聚丙烯酰胺凝胶是以单体丙烯酰胺（acrylamide，Acr）和交联剂*N*, *N'*-亚甲基双丙烯酰胺（*N*, *N'*-methylenebisacrylamide，Bis）为材料，在催化剂过硫酸铵（ammonium persulfate，APS）和加速剂四甲基乙二胺（*N*, *N*, *N'*, *N'*-tetramethyl ethylene diamine，TEMED）的作用下，聚合而成的具有分子筛性质的网状结构的凝胶。多数情况下，凝胶和电泳液均含有十二烷基硫酸钠（sodium dodecylsulfate，SDS），简称为SDS-PAGE。不含SDS的PAGE，称为非变性聚丙烯酰胺凝胶电泳（native PAGE）。

凝胶的一些性质，如筛孔的大小、机械强度、透明度等，在很大程度上取决于凝胶浓度（T）与交联度（C）这两个参数。调整这两个参数，可获得有利于待测生物大分子分离、分辨的最适孔径。

$$T\% = (\text{Acr 质量}+\text{Bis 质量})/\text{总体积}\times 100\%$$

$$C\% = \text{Bis 质量}/(\text{Acr 质量}+\text{Bis 质量})\times 100\%$$

根据待分离样品的分子质量范围，可选择不同的凝胶浓度，见表 1.2.1。

表 1.2.1　分子质量范围与凝胶浓度的关系

生物大分子类型	分子质量/D	凝胶浓度/%
蛋白质	< 10 000	20～30
	10 000～40 000	15～20
	40 000～100 000	10～15
	100 000～500 000	5～10
	> 500 000	2～5
DNA/RNA	< 10 000	15～20
	10 000～100 000	5～10
	100 000～2 000 000	2～2.6

SDS-PAGE 的蛋白质上样缓冲液中，除了前述的甘油、溴酚蓝之外，还含有 SDS 和β-巯基乙醇（β-mercaptoethanol）。β-巯基乙醇是强还原剂，能够破坏蛋白质高级结构中的二硫键。当使用含有 SDS 和β-巯基乙醇的上样缓冲液处理蛋白质样品时，蛋白质的高级结构被破坏，成为仅具有一级结构的多肽链，同时 SDS 以 1.4 倍的质量与多肽链结合，使蛋白质原有的电荷达到忽略不计的程度，而且电荷密度达到一致，使电荷量与蛋白质的分子质量成正比。因此，SDS-PAGE 中蛋白质的移动速率仅与其分子质量有关。电泳时，蛋白质分子质量越小，移动速率越快；反之，蛋白质分子质量越大，移动速率越慢。不同分子质量的蛋白质通过 SDS-PAGE 得到分离。

SDS-PAGE 又分为 Tris-glycine 体系和 Tris-tricine 体系，两者的电泳液中都含有三羟甲基氯基甲烷（Tris）和 SDS，在此基础上，前者含有甘氨酸（glycine），主要分离分子质量大于 10kD 的蛋白质样品；后者含有三羟甲基甘氨酸（tricine），主要用于分离分子质量小于 10kD 的蛋白质样品。本书仅涉及 Tris-glycine 体系的 SDS-PAGE，具体操作方法参见实验 15。

2. 琼脂糖凝胶电泳

琼脂糖是从琼脂中分离得到的天然直链多糖，不带电荷。琼脂糖凝胶电泳是以琼脂糖为介质的电泳技术，主要用于核酸纯度和分子量的检测，或限制性核酸内切酶处理后的样品分离和回收等，也可用于 RNA 检测。根据核酸片段的大小，选择和制备适宜浓度的琼脂糖凝胶十分重要。琼脂糖浓度与 DNA 分子之间的关系参见表 1.2.2。

表 1.2.2 琼脂糖浓度与 DNA 分子之间的关系

琼脂糖浓度/%	DNA 分子长度/kb
0.7	0.8～12
1.0	0.5～10
1.2	0.4～7
1.5	0.2～3
2	0.1～2

核酸溶液无色透明，需要使用一定的染色方法才能够检测到。溴化乙锭（ethidium bromide，EB）是一种荧光染色剂，能够嵌入堆积到 DNA 碱基之间形成化合物，在紫外光激发下可发出肉眼可见的橙黄色荧光。1μg/mL EB 可以检测出 10ng DNA 的条带，其检测灵敏度极高，是极常用的核酸检测的染料之一。但是，EB 是 DNA 诱变剂，使用时切忌与皮肤接触。目前已有一些新产品可以替代 EB，但其灵敏度有待提升。具体操作方法参见实验 27（DNA 琼脂糖凝胶电泳）。

3. 乙酸纤维素薄膜电泳

乙酸纤维素薄膜是以乙酸纤维素薄膜为支持物的电泳。乙酸纤维素（二乙基纤维素）薄膜具有均一的泡沫状结构（厚约 120μm），渗透性强，对分子移动无阻力，具有样品用量少、图谱清晰、电泳时间短（45～60min）、灵敏度高（5μg/mL 蛋白质即可检出）、可准确定量等优点，广泛应用于各种分子的分离以及临床免疫电泳等方面。具体操作方法参见实验 16（乙酸纤维素薄膜电泳分离血清蛋白）。

2.2 沉 淀

物质的分离，主要是利用不同物质在同等条件下同一溶剂中的溶解度不同，或者同一物质在不同条件下呈现溶解或沉淀的特点。沉淀（precipitation）是因环境的变化引起物质的溶解度降低、生成固体凝聚物的现象。沉淀法是一种初级分离技术，但经过多次的沉淀-溶解的交替操作，也可制备高纯度的目标产品。

利用沉淀原理分离蛋白质是传统分离技术之一，目前广泛应用于实验室和工业化规模蛋白质的回收、浓缩和纯化。蛋白质是亲水胶体，其表面的水化膜和电荷层是保持其胶体溶液稳定性的两个重要因素，加入适当试剂处理会使蛋白质失去电荷或水化膜而发生沉淀。能使蛋白质表面的水化膜及电荷发生改变的因素很多，如溶液的离子强度、pH、介电常数和温度等。这里重点介绍几种常用于蛋白质沉淀的方法，如盐析法、有机溶剂沉淀法、重金属盐沉淀法、生物碱试剂沉淀法和热沉淀法。

1. 盐析法（salting out）

向蛋白质溶液中加入大量的中性盐，如硫酸铵［$(NH_4)_2SO_4$］、硫酸钠（Na_2SO_4）、氯化钠（NaCl）等，能使蛋白质表面电荷被中和，破坏其表面的水化膜，从而使蛋白质产生可逆的沉淀。盐析法多用于蛋白质和酶的分离纯化。

2. 有机溶剂沉淀法（organic solvent precipitation）

有机溶剂能降低水的介电常数，破坏蛋白质表面的水化膜，使蛋白质沉淀。有机溶剂沉淀在短时间内是可逆的，作用时间过长或有机溶剂浓度过高时，沉淀反应变得不可逆。常用的试剂有丙酮、乙醇、乙腈等。

3. 重金属盐沉淀法（heavy metal precipitaion）

当pH大于等电点时，蛋白质分子以阴离子形式存在，能与金属离子结合形成不易溶解的盐而沉淀，如Hg^{2+}、Ag^{+}、Pb^{2+}等。临床上可利用这种特性抢救重金属盐中毒的患者。

4. 生物碱试剂沉淀法（alkaloid precipitaion）

当pH小于等电点时，蛋白质分子以阳离子形式存在，能与生物碱试剂（三氯乙酸、苦味酸、钨酸等）的阴离子结合成盐而沉淀。

5. 热沉淀法（thermal precipitation）

在较高温度下，热稳定性差的蛋白质将发生沉淀。利用不同蛋白质间热稳定性的差别，可对不同蛋白质进行分离。但是，该方法具有一定的风险，使用时需特别注意。

2.3　层　　析

层析法也叫色谱法（chromatography），最早使用是在20世纪初，是根据分配系数或吸附平衡原理对不同物质进行分离的实验技术。层析系统中的两相是指固定相和流动相。分配系数是指在一定条件下，一种物质在互不相溶的两相溶剂中溶解达到平衡时，在两相溶剂中所具有的浓度比例。当流动相流过样品时，因样品各组分之间的理化性质不同，不同组分所受固定相的阻滞作用和流动相的推动作用的影响也不相同，其结果是不同组分在固定相和流动相中的分配量也不相同，当给予足够长的层析时间时，即可将样品中的不同组分分离开来。在不同层析实验中，固定相可能是固体，也可能是液体。

目前，层析法已发展成许多类型，因具有易操作、效率高、精确性高、使用范围广泛等特点，已在很多领域得到广泛应用。随着计算机和光谱技术的发展，层析设备日趋自动化和智能化，具有更高的灵敏性和精确性，已成为纯化和鉴定化合物不可或缺的重要技术手段。常见的有高效液相层析（high performance liquid chromatography，HPLC）、气相层析（gas chromatography）、离子交换层析（ion exchange chromatography）、凝胶过滤层析（gel filtration chromatography）、薄层层析（thin layer chromatography，TLC）和纸层析（paper chromatography）等。本书主要涉及后三种方法。

1. 凝胶过滤层析

凝胶是由胶体粒子构成的立体网状结构，吸满水后凝胶膨胀呈柔软而富有弹性的半固体状态（图 1.2.1）。人工合成的凝胶网眼较均匀地分布于凝胶颗粒上，类似于筛眼。小于筛眼的分子能完全渗入凝胶网眼，并随着流动相的移动沿凝胶网眼移动，从一个网眼流出又进入另一个网眼，故流程长、阻力大、流速慢、时间长、洗脱慢（相较于大分子）；大于筛眼的分子则排阻在网眼外，故流程短、阻力小、流速快、洗脱快（相较于小分子）。

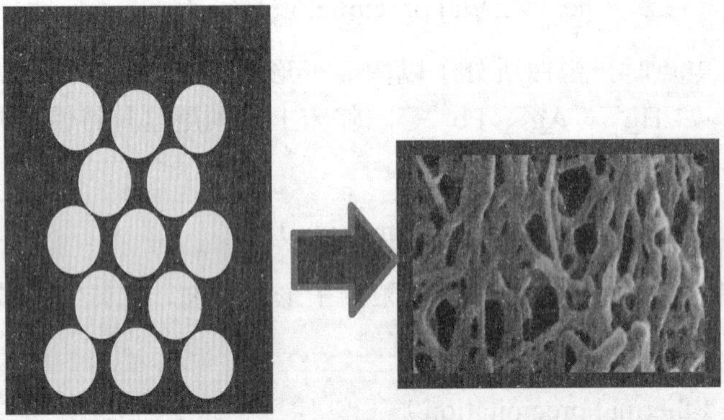

图 1.2.1　凝胶颗粒及凝胶颗粒内部的网状结构

凝胶过滤层析常用的支持物有葡聚糖凝胶（sephadex）、聚丙烯酰胺凝胶（Bio-Gel）和琼脂糖凝胶（sepharose）（表 1.2.3）。葡聚糖凝胶是由葡聚糖用交联剂（如环氧氯丙烷）交联形成的具有三维空间的网状结构物。控制葡聚糖和交联剂的配比及反应条件就可决定其交联度的大小，交联度越大，“网眼”越小，从而得到各种规格的交联葡聚糖，即不同型号的凝胶。本书实验使用葡聚糖凝胶的过滤层析法，参见实验 17（凝胶过滤层析法分离血红蛋白与溴酚蓝）。

表 1.2.3　常用凝胶类型、规格及分离范围

类型	规格	分子质量/D
sephadex	G-200	6×10^5
	G-100	1.5×10^5
	G-50	3×10^4
	G-25	5×10^3
Bio-Gel	P-300	5×10^5
	P-150	1.5×10^5
sepharose	2B	4×10^7
	4B	2×10^7
	6B	4×10^6

2. 离子交换层析

离子交换层析，是利用离子交换剂对各种离子的不同亲和力使离子在层析柱中移动距离不同，从而达到分离的方法。离子交换剂分为两大类，即阳离子交换剂和阴离子交换剂。离子交换层析是一个吸附与解吸附不断交替进行的过程，离子交换剂的种类、盐浓度和 pH 直接影响分离效果。

常用的离子交换剂有二乙氨乙基纤维素膜（2-diethylaminoethyl cellulose，DEAE 纤维素）和羧甲基纤维素（carboxymethyl cellulose，CM 纤维素）等离子交换纤维素及离子交换葡聚糖凝胶或离子交换琼脂糖凝胶。这类交换剂的优点是：①开放性长链，具有较大的表面积，吸附容量大；②离子基团少、排列稀疏，与蛋白质结合不牢固，易于洗脱；③具有良好的稳定性，洗脱剂的选择范围广。具体操作方法参见实验 25（精氨酸激酶的分离纯化及活力测定）。

3. *薄层层析*

薄层层析是将吸附剂或支持物均匀地铺在玻璃上成为薄层，然后将样品加到薄层的一端，由于混合物中各组分对同一吸附剂的吸附能力不同，用合适的溶剂展开即可达到分离的目的。本书使用硅胶 G 薄层层析。具体操作方法参见实验 4（可溶性糖的硅胶 G 薄层层析）和实验 7（脂质的提取与薄层层析）。

4. *纸层析*

纸层析是以滤纸为支持物的层析法，滤纸纤维与水亲和力强，而与有机溶剂亲和力较弱。根据不同物质在水和有机相中的分配系数不同而将不同物质进行分离。当层析液是水饱和酚时，水为固定相，酚为液相。具体操作方法参见实验 19（纸层析法鉴定酶促转氨基作用）。

5. *比移值*

薄层层析和纸层析的固定相均为液体，实验结果需计算比移值（retention factor，R_f）。在一定条件下，某种物质的 R_f 值是常数，可用以进行物质的鉴别和分析，比移植的具体计算方法如下。

$$R_f = \frac{\text{样品原点到斑点中心的距离}}{\text{原点到溶剂前沿的距离}}$$

基础知识3 主 要 仪 器

正确使用仪器是动物生物化学实验成功的基本且必要条件。在学生最初接触某种仪器时，领会正确使用实验仪器的重要性十分必要。因此，本章对 8 类仪器（移液枪、离心机、分析天平、pH 计、分光光度计、恒温设备、研钵与匀浆器、超声波细胞破碎仪）的正确使用方法和使用注意事项进行了详细的说明（前 6 类仪器的使用方法配套有完整的在线视频）。在本书的实验中，提供学生巩固仪器正确使用方法的机会，结合课时让学生养成正确使用仪器的良好习惯。

3.1 移 液 枪

移液枪（micropipette）是一类转移少量或微量液体的精密仪器。目前，著名的品牌有法国的吉尔森（Gilson）和德国的艾本德（Eppendorf）。一般情况下，5 种不同规格的枪构成一套，可以转移 0.1～1 000μL 的液体，量取液体时需要与枪头（吸头）配套使用。枪头分为 3 个规格，由小到大对应其颜色一般有白枪头、黄枪头和蓝枪头。移液枪的主要结构有 4 部分：①控制钮；②量程设定环；③枪头弹射钮；④枪头弹射套。移液枪分为两挡，第一挡是用拇指自然按下控制钮后停止的位置，第二挡是在第一挡的基础上继续用力向下按之后停止的位置。

移液枪（PPT）

1. 学习目的

（1）掌握移液枪的主要结构和正确使用方法。

（2）掌握移液枪使用的注意事项及技巧。

（3）了解移液枪的品牌。

（4）学习爱护精密仪器。

2. 实验器材

Eppendorf 和 Gilson 的移液枪各一套（配套枪头）、1.5mL 离心管若干、纯水。

3. 使用方法

（1）移液枪选择：从一套移液枪中选择正确量程的移液枪。

（2）量程调整：通过旋转控制钮将量程调到所需量取的数字。

（3）枪头安装：选择正确枪头并安装好（枪与枪头结合不够紧密，会影响液体正确量取）。

移液枪的使用

（4）液体量取：拇指按到第一挡，然后将枪头插入液面下方并缓慢放开拇指，这时液体吸入枪头内（注意：操作过程中，枪头要随着液面的下降而向下移动，保持枪头一直位于液面下方，避免枪头内进入气泡；此外，吸取完溶液后，不允许将移液枪水平放置或倒放，以防枪头内的液体倒流至枪体内），直至拇指完全放开。

（5）液体打出：将液体缓慢打入相应的容器内（注意：过快过猛均可因容器底部的反作用力使溶液外溅）。使用第一挡打出液体后，若仍有液体残留，此时需要使用第二挡。

（6）弃枪头：液体打出后，将移液枪对准存放废枪头的容器按下弹射钮，弃掉枪头。

（7）调最大量程：实验结束后，将移液枪的量程调至最大（此时移液枪内的弹簧处于最松弛的状态，有利于移液枪的保养及长期使用）。

（8）清洁：实验操作过程中，枪体表面时常会被试剂污染，建议使用75%的乙醇进行清洁。若发生液体倒流，则需要按照厂家说明进行枪体内部清洁。

（9）归位：将移液枪放到指定位置（建议使用保护罩将整套移液枪罩住，避免灰尘污染）。

想 一 想

1. 移液枪使用过程中应注意哪些细节？
2. 量取液体时，如何避免移液枪头内进入气泡？
3. 什么情况下可能发生移液枪枪体内部的污染？
4. 为什么要强调移液枪的正确使用方法？
5. 市场上销售的 1mL 的枪头，是否都是蓝色的？
6. 量取 1mL 的甘油，并分享操作心得。

3.2 离 心 机

离心（centrifugation）是根据不同物质的特点（如形态、密度、浮力等），应用高速度旋转产生的离心力，对溶剂和不溶物质或者互不相溶的液体进行分离的技术。这种产生离心力的设备就是离心机（centrifuge），由转头、驱动和调控装置等构成。使用方法不当，有造成严重事故的风险，应严格遵守使用事项。

离心机（PPT）

离心机的种类很多，根据尺寸、功能、使用时的安放位置等可以将其分为大型/小型离心机、低温/常温离心机、低速/高速/超速离心机、台式/落地式离心机等。离心机转头分为定角式（fixed angle type）和荡平式（swing type）两类。

使用离心机时需要设定的参数通常有温度、时间和离心力。温度使用摄氏度（℃）；时间通常使用分钟（min），有时也使用小时（h）或秒（s）；离心力有两种表示方法，即每分钟的转数（revolutions per minute，RPM）和相对离心力（relative centrifugal force，RCF），后者常用 g 替代。目前，很多离心机都有 RPM 和 RCF 的切换键，但是老式离心机有时需要两者间的换算。最简单的方法是利用离心机转数和离心力的列线图进行换算。

1. 学习目的

（1）掌握离心机的正确使用方法。
（2）掌握 RCF 和 RPM 的含义及其使用上的区分和转换方法。
（3）培养安全意识，爱护公用财产。

2. 实验器材

Eppendorf 小型台式低温高速离心机、一整套移液枪、1.5mL 离心管若干。

3. 使用方法

（1）仪器摆放：将离心机摆放在整洁干燥的水平位置上。

（2）开机：插入电源、打开开关（仪器显示的是上一次使用时的设定参数）。

（3）参数设定：①时间，通过旋转时间旋钮进行设定；②温度，使用上、下按键设定温度；③离心力，首先明确使用 RPM 还是 RCF，然后使用两者的切换键进行选择，再通过速度旋钮进行设定。

离心机的使用

（4）样品摆放：打开离心机的外盖和内盖，然后按照等质量和位置对称的原则，摆放离心样品。Eppendorf 小型台式低温高速离心机最常见的转头有 24 个放样孔。根据样品数量可参照以下摆放方式。

① 偶数：将样品分为两组并对称摆放即可（如 8 个样品可放入 1～4 和 13～16 号孔）。

② 3 或其倍数：分三组并对称摆放即可（如 9 个样品可放入 1～3、9～11 和 17～19 号孔）。

③ 不能被 2 或 3 除尽：可以准备一个平衡用的离心管，操作同偶数样品。另外，也可以将其中 3 个样品放入等边三角形三个顶点的孔（如 1、9 和 17 号孔），剩余的样品按偶数样品摆放即可。

（5）离心：先盖内盖，再盖外盖，然后按“start”键开始离心。

（6）取样：离心结束后，打开外盖和内盖，取出离心管，根据具体情况，取所需组分。

（7）关机：实验结束后，关闭离心机的开关并拔掉插线。

（8）清理：使用纯水或 75%乙醇清洁仪器的内外表面（若转头发生污染，则需专门清理）。清理完成后，建议使用保护罩进行保护。

想 一 想

1. 离心机的使用注意事项有哪些？
2. 当样品数量不能被 2 或 3 除尽时，应如何摆放样品？
3. 离心机污染严重时，转头需拆卸下来进行清洁，如何拆卸？
4. RCF 和 RPM 两种离心力的表示方法，哪个更为科学？为什么？

3.3 分析天平

分析天平（chemical balance）主要是用来称量固体或液体物质的仪器，最常用的单位是克（g）和毫克（mg），是生命科学相关课程教学与科学研究中十分常见且不可或缺的仪器。生物化学实验中涉及很多需要在实验室自行制备的溶液，其溶液浓度正确与否直接关系到实验的成败。因此，在实验中使用分析天平正确量取化学试剂十分重要。

分析天平（PPT）

分析天平的主要结构包括：开关、去皮键、侧门（两个）、顶门（一个）以及位于分析天平底部前方两侧的旋钮和确认天平水平位置的结构等。

1. 学习目的

（1）掌握分析天平的正确使用方法。

（2）掌握分析天平使用注意事项及技巧。

（3）培养严肃认真的科学态度。

2. 实验器材

分析天平、称量纸、药勺、粉末试剂（氯化钠）、烧杯、清洁刷等。

3. 使用方法

（1）水平位置调整：通过天平底部前方两侧的旋钮调整“气泡”位置，使其进入人工标记圆圈的正中央，即气泡和圆圈处于同心的状态。水平位置调整以后，直至称量结束，分析天平不可以挪动。若需挪动，需要重新确认或调整天平水平位置。

分析天平的使用

（2）开机：插入电源，按下控制面板上的“开关”(显示屏有数字显示)。

（3）去皮：将称量纸折叠好放入天平中，然后按下去皮（tare）键。

（4）称量：①打开两侧门；②拧开试剂瓶，将盖子口朝下放到洁净的实验台上，一手拿试剂瓶，一手拿药勺，然后通过两个侧门将两手伸入天平内；③用药勺取试剂倒在称量纸上；④当读数接近称量值时，用药勺取少量试剂，然后将试剂瓶从天平中取出，加上盖子，同时将试剂瓶一侧的门关上；⑤用空出的手轻轻叩打药勺或拿着药勺的手，使试剂少许缓慢落下；⑥当达到称量值时，打开试剂瓶侧的门，再次将试剂瓶（瓶盖已取下）伸入天平内，将药勺上剩余的试剂放回试剂瓶内；⑦双手离开天平，放下药勺和试剂瓶（加上盖子），将两侧门关好，确认称量读数，称量结束；⑧将称量纸上的试剂小心移入相应的容器中（此时不能发生试剂的洒落）；⑨如果称量的试剂超过预期量，则首先将药勺上多余的试剂倒回原试剂瓶内，再将试剂瓶移到外面；⑩用药勺取少量称量纸上的试剂，重复第⑤步，直至达到称量值（此时残留在药勺上的多余试剂，原则上不可放回原试剂瓶，应根据试剂性质，对其进行合理的垃圾分类处理）。

（5）关机：关闭电源开关（屏幕数字消失）并拔掉插线。

（6）清洁：根据实际情况，对分析天平内外及实验台进行清洁。

（7）归位：将仪器和试剂瓶（盖子拧紧）放回指定位置（归位后，建议使用保护套罩住仪器）。

想 一 想

1. 称量试剂时，如果试剂瓶不伸入天平内，可能发生什么问题？
2. 药勺上剩余的试剂是否可以放回原试剂瓶？为什么？
3. 试剂称量前后，如何避免试剂洒落？
4. 在固体试剂称量的过程中，瓶盖应该如何放置？
5. 如果使用分析天平称量液体，应如何操作？

3.4　pH 计

pH 计（pH meter）是测定或检测溶液 pH 的仪器，又称酸度计。pH 是溶液氢离子浓度的表示方式，是氢离子浓度的负对数（$pH=-\log[H^+]$）。在加入一定量的酸或碱时溶液的 pH 不会发生明显改变，这种现象称为缓冲现象，这种能力称为缓冲能力（即中和溶液中 H^+/OH^- 的能力），这种溶液即缓冲溶液，简称缓冲液（buffer）。

酸度计（PPT）

大多数生物大分子的构象和生物体内的化学反应受 pH 影响。动物体内有一系列缓冲体系维持其体液 pH 的恒定，使生命活动正常进行；在体外，生化反应在一定的缓冲液中才能够顺利进行。

使用 pH 计的过程中主要涉及电极、读数屏、温度旋钮、斜率旋钮、定位旋钮、pH/微电压选择旋钮等。制备缓冲液的过程中，通常先进行 pH 计标定，再实时监测溶液 pH，直至达到目标 pH。

1. 学习目的

（1）掌握 pH 计的正确使用方法和使用注意事项。

（2）培养精益求精的科学精神。

2. 实验器材

pH 计、磁力搅拌器、三种标准缓冲液（pH 分别为 4.00、6.86、9.18）、50mL 烧杯（3 个）、滤纸（纸抽）、洗瓶（纯净水）、废液缸等。

3. 使用方法

这里以型号为 PHS-3C 的 pH 计为例进行使用方法的介绍。

（1）标准 pH 缓冲液（标准液）准备：购买 3 种标准缓冲液（pH 分别为 4.00、6.86、9.18）的试剂，按照厂家说明进行制备。

pH 计的使用

（2）开机：插入电源，打开开关，将温度旋钮调至室温，旋转 pH/

微电压选择旋钮调至pH。

（3）电极洗涤：取下电极保护罩，在电极下方放一个废液缸，然后用洗瓶充分冲洗电极，再用滤纸把电极上的水吸干（后续电极洗涤方法相同）。

（4）标定（两点法）：把盛有pH 6.86标准液的烧杯置于磁力搅拌器上，将电极插入标准液中，然后通过定位旋钮将pH调至6.86（注意：避免磁力搅拌棒与电极之间的碰撞，保护好电极）；洗涤电极并插入pH 4.00或pH 9.18的标准液中（后续制备酸性溶液时，选择pH 4.00的标准液；制备碱性溶液时，选择pH 9.18的标准液），通过斜率旋钮将pH调至4.00或9.18。

重复步骤（3）和（4），直至电极插入标准液后显示屏读数与标准液的pH相符，标定结束。

（5）缓冲液制备：①将称量好的溶质放入一定量的纯水中，使用磁力搅拌器使溶质彻底溶解，但有些试剂，如乙二胺四乙酸（ethylene diamine tetraacetic acid，EDTA），只有pH 8.0时才能完全溶解；②将洗涤后的电极插入溶液中，然后缓慢滴加酸性或碱性溶液，实时监测该过程中读数屏上pH的变化；③当接近目标pH时，换用稀释的酸性或碱性溶液且小心缓慢滴加，直至读数屏上的数字与目标pH相符；④定容、混匀并移入相应的试剂瓶中保存备用。

（6）仪器归位：关闭电源开关并拔掉插线，洗涤电极并罩上电极保护罩，然后归位。

想 一 想

1. 什么是缓冲液？为什么说缓冲液对动物生物化学实验十分重要？
2. 定位旋钮和斜率旋钮使用上有何区别？
3. pH计进行两点法标定时，标准液应如何选择？
4. 电极应该如何洗涤和保存？

3.5　分光光度计

构成物质的原子、分子、基团具有光吸收的特性，即物质会吸收由光源发出的特定波长的光。物质对光的吸收定律，又称朗伯-比尔（Lambert-Beer）定律，即在一定条件下，物质吸收光的程度与该物质的浓度成正比。分光光度计（spectrophotometer）正是利用物质的光吸收特征对化学物质进行定量分析的一种仪器，广泛应用于生命科学相关课程教学与科学研究、医学诊断和实际生产等过程中。分光光度计通常分为紫外分光光度计和可见分光光度计，前者光吸收波长范围为200～380nm，后者为380～780nm。

分光光度计（PPT）

1. 学习目的

（1）掌握分光光度计的正确使用方法。
（2）掌握分光光度计使用注意事项及技巧。
（3）培养严谨的科学态度。

2. 实验器材

分光光度计、玻璃比色皿、石英比色皿、洗瓶、纸抽、废液缸、待测样品。

3. 使用方法

（1）自检：打开电源开关后，仪器自动进入初始化状态，即自检。

（2）波长设置：自检完成后，仪器自动进入主菜单，点击波长选项，设定波长。

分光光度计的使用

（3）比色皿选用：吸收波长小于 380nm 时，选用石英比色皿；吸收波长大于 380nm 时，选用玻璃比色皿。

（4）调零：①打开比色箱，手持比色皿的毛面，加入纯水（或相应的对照溶液），使用纸抽擦拭光面残存的水分；②把比色皿正确地放入比色孔中，盖上比色箱盖，点击调零（调零以后的仪器吸光度一般为-0.04～0.06）。

（5）测定：将待测样品倒入比色皿中，盖上比色箱盖，数值稳定后读取并记录吸光度值。为保证数据精确，同一个样品测定 3 次，然后取其平均值。

（6）测定结束：测定结束后，对分光光度计及使用的其他物品进行整理，拔除插线，清理实验台。

（7）比色皿的清洗与存放：使用流水或相应的溶剂彻底清洗比色皿，然后使用纯水冲洗多遍，晾干后放入专用盒中。当使用频率较高时，可暂存于 75%乙醇溶液中。

想 一 想

1. 分光光度计使用过程中应注意哪些细节？
2. 比色皿的选用标准有哪些？
3. 多通道的分光光度计，如何操作可以提高测定效率？
4. 使用分光光度计时，一般建议提前 20min 打开电源，为什么？

3.6 恒温设备

恒温设备（constant-temperature equipments）是在动物生物化学实验过程中，实现对样品不同温度的处理，或者对实验器皿进行高温灭菌的一大类设备。实验室常用的恒温设备有电热恒温箱（烘箱）、水浴锅、金属浴、恒温振荡培养箱和生化培养箱等。

实验室恒温设备（PPT）

1. 电热恒温箱（electrothermostat）

1）学习目的

（1）认识电热恒温箱。

（2）掌握电热恒温箱的正确使用方法和使用注意事项。

2）实验器材

电热恒温箱。

3）使用方法

（1）物品摆放：将样品或需要干燥处理的物品放入箱体内，四周留一定空间，保持箱内气流畅通，关好箱门。

（2）开机：打开加热开关和风机开关，此时电源指示灯亮起并能听到风机的运转声。

实验室恒温设备的使用

（3）参数设定：①温度——按设定键（SET）进入温度设定状态，通过旋钮或上、下键调至所需温度，再次按下设定键完成设定；②时间——按设定键进入时间设定状态，后续操作同温度设定方法（根据需要，也可以不设定时间）。

（4）运行：无专用运行键，通常开机后仪器即按设定条件运行。

（5）运行结束：完成相应处理后，直接关闭开关即可。待温度降到70℃以下时打开箱门，取出物品。

4）注意事项

（1）使用前要设定和检查目标温度，避免因为温度不合适导致样品处理不当。

（2）样品或器皿不能挨得太紧，容易影响处理效果。

（3）橡胶制品、塑料制品不能放入烘箱进行灭菌操作。

（4）处理结束后，不可马上打开箱门，以免空气突然进入，发生意外事故。

2. 水浴锅（water bath）

水浴锅主要用于实验样品的不同温度处理，也可用于一些试剂的溶解等，可以对量较大的样品进行处理。温度使用范围介于略高于室温至100℃。

1）学习目的

（1）认识水浴锅。

（2）掌握水浴锅的正确使用方法和使用注意事项。

2）实验器材

水浴锅。

3）使用方法

（1）加水：在水浴锅的水槽中加入适量清水。

（2）开机：打开电源开关。

（3）温度设定：①按设定键，仪表上温度数字开始闪动，即进入设定状态；②按上、下键设定温度（长时间按键数值快速变动），温度设定好后再按一次设定键，即设定完毕（通常不设定时间）。

（4）样品处理：达到设定温度时，将样品放置在搁架上，盖好孔盖，开始计时。处理完成后，取出样品，关闭电源。

4）注意事项

（1）必须先加水，后通电，切记不能干烧。

（2）为避免产生水垢，建议使用纯水。

（3）水槽内水位应在指定的范围内，低于不锈钢隔板会损坏加热管；水位过高会使水进入电器箱，损坏元件。

（4）使用完毕后，应及时放干槽内的水，若有污染，及时清洁。

3. 金属浴（metal bath）

金属浴又称干式恒温器，是相对于水浴锅而言的，温度使用范围介于略高于室温至100℃。金属浴上有很多锥形孔，与1.5mL或0.5mL的离心管相匹配，一般仅适用于小量样品的处理。

1）学习目的

（1）认识金属浴。

（2）掌握金属浴的正确使用方法和使用注意事项。

2）实验器材

金属浴。

3）使用方法

（1）开机：插上电源打开开关，约5s后显示屏显示数字（保留上次使用时的设定参数）。

（2）温度设定：按设定键一次，进入温度设定状态，显示窗最左边温度数字闪烁（每按设定键一次，闪烁数字就向右移动一位），使用上、下键调整数值到所需温度，8s后，仪器自动完成温度设定（通常不设定时间）。

（3）运行：温度设定完成后，仪器自动进入运行状态。

（4）样品处理：达到设定温度时，将样品摆放入锥形孔内，盖上盖子，开始计时。

（5）终止运行：处理完成后，取出样品，关闭仪器电源开关。

4）注意事项

使用过程中，若向锥形孔内注水，则使用完毕后，必须用棉签等对锥形孔进行清洁。

4. 恒温振荡培养箱（constant temperature oscillation incubator）

恒温振荡培养箱又称振荡器（oscillator）或摇床（shaker），主要用于细菌、真菌、原生动物等的液体培养。

1）学习目的

（1）认识恒温振荡培养箱。

（2）掌握恒温振荡培养箱的正确使用方法和使用注意事项。

2）实验器材

恒温振荡培养箱。

3）使用方法

（1）开机：打开电源开关，参数显示为上一次使用时设定的条件。

（2）参数设定：①温度设定——按设定键，显示屏上温度数字闪动，仪表进入温度设定状态。按上、下键，设定值会相应增加或减小，长按上键或下键数值快速变动，再按一次设定键，仪表恢复工作状态。②转速设定——按设定键使转速数值闪烁，将数值调整至所需转速（通常不设定时间）。

（3）运行：达到设定温度时，将样品夹在托盘夹具上，盖好箱门，按运行键开始计时。

（4）运行结束：处理完成后，取出样品，关闭开关，拔掉插线。

4）注意事项

（1）恒温振荡培养箱应放置在平整地面上，避免因地面不平导致振荡过程中箱体晃动或滑动。

（2）样品应对称放置，各瓶的培养液体积应大致相等，确保振荡时保持良好的平衡性。

（3）严禁运行期间将手伸入仪器内进行任何操作，以防意外事故发生。

5. 生化培养箱（biochemical incubator）

生化培养箱与传统的恒温培养箱（constant temperature incubator）相似，但生化培养箱具有降温的功能，因此对环境温度要求不高，使用范围更加广泛。生化培养箱主要用于大体积样品的恒温处理，或进行平板（固体培养基）培养等。

1）学习目的

（1）认识生化培养箱。

（2）掌握生化培养箱的正确使用方法和使用注意事项。

2）实验器材

生化培养箱。

3）使用方法

（1）开机和运行：插上电源，打开电源开关，显示屏显示培养箱室内的实际温度。一般情况下，开机与运行是同时进行的。

（2）温度设定：设定方法基本上与恒温振荡培养箱相同。

（3）样品摆放：将样品放入箱内，摆放时不能挨得太紧，要使箱内空气流通顺畅，保证箱内温度均匀恒定。

（4）运行结束：结束运行后，取出样品，并闭开关，拔掉插线。

4）注意事项

（1）有些型号箱内具有照明灯，根据实际情况确定照明灯的开或关。

（2）当温度接近设定温度时，加热指示灯忽亮忽暗，反复多次，属正常现象。

（3）达到设定温度约30min，仪器进入恒温状态。

（4）平板培养时平板应倒置。

想 一 想

1. 五种不同的恒温设备（电热恒温箱、水浴锅、金属浴、恒温振荡培养箱、生化培养箱）用途上有什么区别？使用过程中应注意哪些细节？

2. 恒温设备的操作过程中，如何确保人身安全？

3.7　研钵与匀浆器

在动物生物化学实验过程中，常常需要对组织或细胞进行破碎处理，即通过物理或化学的方法，破坏细胞膜或膜性细胞器，使其内容物释放出来。研磨和匀浆都是使用范围广且操作简单的细胞破碎方法，在纯化蛋白质、核酸、糖类等实验中经常使用。这里主要介绍研钵和手动匀浆器。

研钵和匀浆器（PPT）

研钵（mortar）是研碎实验材料的容器，配有钵杵。研钵最常见的材质为陶瓷。匀浆器（homogenizer）分为手动和电动，也称组织研磨器。手动匀浆器由一个外表面为磨砂的球状或椭圆柱塞和一个内表面为磨砂的玻璃管组成。匀浆时，组织碎块进入玻璃管与柱塞之间微小的缝隙，此时继续上下旋动柱塞，能使生物细胞和其他较硬的组织块被碾碎。

根据实验材料的具体性质，研磨和匀浆可单独使用，也可以结合使用。提取多细胞动物组织 DNA 时，直接研磨即可。提取多细胞动物组织 RNA 时需要先研磨后匀浆。如果破碎培养细胞和软的实体动物组织（如肝脏、肾脏、脑组织等）时，匀浆即可。

1. 研钵

1）学习目的

掌握研钵的正确使用方法和使用注意事项。

2）实验器材

研钵。

3）使用方法

（1）把样品放入研钵里，一手按住钵，一手执杵。

（2）先把大块样品压碎。

（3）稍微用力将研杵压住组织块，在钵内缓缓作圆周运动。

（4）研磨过程中，随时用药勺把贴在钵壁和杵上的物质刮下来，再集中于钵底部，继续研磨。

（5）研磨完成后，用药勺刮下附着在钵壁和杵上的物质，转入相应容器。

4）注意事项

（1）不可用研钵研磨强氧化剂，更不能研磨强氧化剂和强还原剂的混合物（如氯酸钾和红磷的混合物），以免发生爆炸。

（2）研钵不应直接放在实验台上，操作时可垫上不易滑动的橡胶垫。

（3）不可将研杵在研钵内敲打，以免损坏钵或杵。

（4）每次加入钵中的固体物，不宜超过钵体容积的三分之一。

（5）研磨完毕应及时用水洗净研钵

（6）若提取 DNA 或 RNA，研钵的钵体和杵分别用锡纸包裹，进行相应温度的干热灭菌。

2. 匀浆器

1）学习目的

掌握匀浆器的正确使用方法和使用注意事项。

2）实验器材

匀浆器。

3）使用方法

（1）称适量动物组织或悬浮细胞加入匀浆器的玻璃管中，然后加入适量缓冲液。

（2）一手持玻璃管中部，另一手握住塞柱的把手，将塞柱一边旋转一边沿着与玻璃管纵轴平行的方向上、下用力抽拉，直至组织呈均匀透明的液体。

（3）匀浆结束后，将样品移入合适的容器中。

4）注意事项

（1）玻璃匀浆器有损坏的风险，应严格按要求进行操作，以避免发生意外。

（2）根据实验需要，有时需要在冰上实施匀浆。

（3）匀浆结束后，需静置1min，使气溶胶沉淀，再将塞柱拔出。

（4）用过的匀浆器需要清洗干净，必要时须进行灭菌处理。

想 一 想

1. 研钵和匀浆器在原理上有什么区别？
2. 研钵和匀浆器在用途上如何区分？

3.8 超声波细胞破碎仪

超声波细胞破碎仪（ultrasonic cell breaking instrument），其功能为破碎细胞，在这一点上与研磨和匀浆相同。但超声波细胞破碎仪的效率更高，广泛应用于生命科学、农学、医学、制药等领域的教学、科研与生产。

超声波细胞破碎仪（PPT）

超声波细胞破碎仪涉及空化效应、热效应和机械效应，可将电能转换为声能，产生一种弹性机械振动波。这种能量通过液体介质时，在极短的时间内（400μs）产生大量密集的压力高达3 000MPa的小气泡，即空化作用。当这些小气泡炸裂时，会产生像炸弹一样的能量，从而使细胞破碎。热效应是指超声波在介质中传播时，因摩擦力阻碍超声波引起分子振动，使部分能量转化为局部高热（42～43℃）。机械效应是指超声波在传播过程中与介质质点交替地压缩与伸张构成压力变化。超声波细胞破碎仪主要包括超声波发生器、变幅杆（探头）、换能器、升降台、隔音箱（有的型号无）等结构。

1. 学习目的

（1）掌握超声波细胞破碎仪的正确使用方法和使用注意事项。

（2）培养严谨的科学态度。

2. 实验器材

超声波细胞破碎仪、洗瓶、样品。

3. 使用方法

（1）开机：确认仪器各部分的连接无误后打开开关。

（2）样品容器选择：根据样品量选用适当容器（试管、烧杯或离心管）。

（3）探头及其位置：根据实际需要选择尺寸合适的探头，并将其末端插入样品液面下 10～20mm 处，且位于容器的中心位置，不得与容器壁及容器底部相接触。

（4）参数设置：参数包括超声处理全过程所需要的时间［闭循环时间（超声工作时间）和开循环时间（超声间歇时间，当设定为 0 时，超声为无间歇连续工作状态）］，功率比（50%～80%）、温度（按实际需要设定）等。

（5）运行：点击“运行”键，仪器开始工作，运行结束后，对样品进行相应处理。

（6）关机：关闭电源，拔除插线，及时洁洗探头、仪器并清理操作台。

4. 注意事项

（1）严禁空载（探头未插入待处理的样品中）运行，否则会损坏换能器或超声波发生器。

（2）样品的浓度不宜太高，样品气泡不应过多（若样品气泡过多，应进行消泡处理后再进行超声处理）。

（3）将换能器牢固地固定在支架上，以防从支架上突然下滑，使探头末端碰撞物体造成变形或损坏。

（4）在超声处理时，由于超声波在液体中起空化效应，液体温度会快速升高，使用者应关注温度变化，建议闭循环时间不超过 5s。

（5）温度设定符合实际温度（若设定温度低于实际温度，仪器完成第一次超声循环即终止），必要时须在冰上操作。

想 一 想

1. 超声波细胞破碎仪使用过程中应注意哪些细节？
2. 在对样品进行破碎的过程中，样品的浓度为什么不宜太高？

第2篇

实　　验

第1章 糖

糖是生物界分布最广、含量最多的一类有机分子，是生物体最重要的能源物质和碳源物质。另外，糖代谢在物质代谢中占据中心地位，其正常与否直接与动物的健康密切相关，我们熟知的血糖水平就是动物机体糖代谢平衡的一项重要指标。因此，学习血糖测定、糖原的纯化与鉴定以及糖代谢中间代谢产物的含量测定等方法，对于动物科学、动物医学等专业的学生来说十分重要。实际上，血糖的测定方法有很多种，由于本书篇幅有限，我们仅选择了比较经典的福林-吴宪法，其他方法建议参考其他（动物）生物化学实验相关书籍。

实验1　血糖的测定——福林-吴宪法

血糖（blood sugar）主要指动物血液中含有的葡萄糖。不同动物正常血糖水平的范围不同，但在正常情况下，特定物种的血糖浓度基本恒定。血糖测定有酶法和化学法。福林-吴宪（Folin-Wu）法属于化学法，是血糖测定的经典方法，其成本低，适合于学生实验。

血糖的测定（PPT）

【实验原理】

葡萄糖是一种多羟基醛糖，其半缩醛羟基具有还原性，当与碱性铜试剂混合加热时，其分子中的醛基被氧化成羧基，而碱性铜试剂中的Cu^{2+}被还原成不溶于水的砖红色的氧化亚铜（Cu_2O）沉淀。Cu_2O与磷钼酸反应生成蓝色的钼蓝溶液，颜色深浅与样品中葡萄糖的浓度成正比。

在波长 620nm 处同时测定无蛋白血滤液和葡萄糖标准液的吸光度值，便可计算出血液中葡萄糖的含量。

【实验目的】

（1）了解福林-吴宪法测定血糖含量的原理。

（2）掌握血糖以及其他还原性糖含量的测定方法及操作。

【实验器材】

器材：可见分光光度计、水浴锅、低速离心机、电炉、容量瓶、锥形瓶、烧杯、血糖管、离心管。

材料：家兔抗凝血液。

试剂：本实验所需试剂有以下几种。

（1）碱性铜试剂：称量无水碳酸钠 4g、酒石酸 750mg、结晶硫酸铜 450mg 分别加入 40mL、30mL、20mL 纯水中加热溶解，并冷却。先将冷却后的酒石酸溶液倒入碳酸钠溶液中混匀，随后转移至 100mL 容量瓶中，再倒入硫酸铜溶液，最后用纯水定容至 100mL，储存于棕色瓶中。该试剂在室温可长期保存，若一定时间后产生沉淀，滤纸过滤后可继续使用。

（2）磷钼酸试剂：称量钼酸 3.5g、钨酸钠 1g，加入 40mL 10%氢氧化钠溶液中，再加入纯水 30mL，混合后煮沸 20～40min，以除去钼酸中存在的氨（至无氨味）。待冷却后加入浓度为 80%的磷酸 25mL 混匀，并转移至 100mL 容量瓶中，再用纯水定容，混匀后储存于棕色瓶中。

（3）41.7mmol/L 硫酸溶液：量取浓硫酸（密度 1.84g/mL）230μL 加入 50mL 纯水中，再用纯水定容至 100mL。

（4）10%钨酸钠溶液：称量钨酸钠（$Na_2WO_4 \cdot 2H_2O$）1g 溶解于纯水后定容至 10mL。

（5）0.25%苯甲酸溶液：称量苯甲酸 250mg 加水煮沸溶解，冷却后用纯水定容至 100mL。

（6）葡萄糖储存标准液（10mg/mL）：称量无水葡萄糖 100mg 溶于 0.25%的苯甲酸溶液，并定容至 10mL，置于冰箱中可长期保存。

（7）葡萄糖使用标准液（0.1mg/mL）：量取葡萄糖储存标准液 100μL 加入 10mL 容量瓶中，用 0.25%苯甲酸溶液定容。

（8）1∶4 磷钼酸稀释液：量取磷钼酸试剂 1 份，纯水 4 份混匀即可。

（9）抗凝剂（150U/mL 肝素钠）：根据试剂瓶上注释，计算并称量 150 单位（unit，U）的肝素钠溶于 1mL 纯水中（也可先制备 1 500U/mL 的肝素钠，再稀释 10 倍使用）。

【实验步骤】

（1）1∶10 无蛋白血滤液制备：①取一个 1.5mL 离心管，加纯水 700μL，用移液枪吸取家兔抗凝血液 100μL，缓缓加入离心管中，用移液枪反复吹吸 2～3 次；②加入 41.7mmol/L $H_2SO_4$100μL，边加边摇，摇匀后放置 5min，使之酸化完全；③加入 10%钨酸钠 100μL，边加边摇，摇匀后放置 5～15min，至沉淀由鲜红色变为暗棕色；④2 500g 离心 10min，所得上清液即 1∶10 无蛋白血滤液（相当于每毫升样品含全血 0.1mL，血液稀释 10 倍）。

（2）血糖的测定：取 3 个 1.5mL 离心管按表 2.1.1 所示进行操作。

表 2.1.1　葡萄糖的还原反应

试剂	空白管	标准管	测定管
无蛋白血滤液	—	—	50μL
纯水	100μL	50μL	50μL
标准葡萄糖应用液	—	50μL	—
碱性铜试剂	100μL	100μL	100μL
混合均匀，沸水浴煮 8min，取出后用自来水冷却 3min（勿摇动样品）			
磷钼酸试剂	100μL		
	混合均匀后放置 2min（使二氧化碳气体逸出）		
1∶4 磷钼酸溶液	加至 1.25mL		
胶塞盖紧、颠倒使其混合均匀，使用前述的空白管进行调零，测定各样品 OD_{620} 吸光度			

（3）计算：

葡萄糖含量(mg/100mL)=(测定管吸光度/标准管吸光度)×0.1×(100/0.1)

=(测定管吸光度/标准管吸光度)×100

【思考题】

（1）测定血糖浓度在临床上有何意义？

（2）在实验中，如果测定管颜色明显深于或浅于标准管颜色时，应该怎样处理？

实验 2　糖酵解中间产物的测定

代谢是由一系列酶催化的多步骤反应。代谢正常进行时，中间产物的浓度往往很低，不易分析鉴定。若加入某种酶的专一性抑制剂，则可使中间产物累积，便于分析鉴定。

糖酵解中间产物的测定（PPT）

【实验原理】

在糖酵解过程中，在甘油醛-3-磷酸脱氢酶催化下，甘油醛-3-磷酸生成 1, 3-二磷酸甘油酸。该酶为变构酶，由四个亚基组成。位于活性中心的半胱氨酸的巯基（—SH）是酶活性中心的必需基团，烷化剂（如碘乙酸）和重金属对该酶有不可逆抑制作用。本实验利用碘乙酸对甘油醛-3-磷酸脱氢酶的抑制作用，使糖酵解受阻，甘油醛-3-磷酸不再转化而大量堆积。同时加入硫酸肼作为稳定剂，用来保护甘油醛-3-磷酸，阻止其自发分解。甘油醛-3-磷酸可与 2, 4-二硝基苯肼在碱性条件下生成甘油醛-3-磷酸-2, 4-二硝基苯腙，再加过量的氢氧化钠即形成棕色复合物，其棕色深浅与甘油醛-3-磷酸的含量成正比。

【实验目的】

（1）加深对糖酵解的理解，学习代谢途径的研究方法。

（2）掌握糖酵解中间产物的鉴定方法和原理。

（3）了解利用酶的专一性抑制剂研究代谢中间步骤的原理和方法。

（4）领会实验的设计和各试剂的添加顺序，根据所学知识对实验结果做出合理的解释。

【实验器材】

器材：金属浴（恒温水浴锅）、离心机、分析天平、移液枪、离心管等。

材料：鲜酵母或活性干酵母。

试剂：本实验所需的试剂有以下几种。

（1）10%三氯乙酸溶液：称量 10g 三氯乙酸，溶于 80mL 纯水中，然后定容至 100mL（加热可促进溶解），储存于玻璃试剂瓶中备用。

（2）5%葡萄糖溶液：称量 5g 葡萄糖，溶于 80mL 纯水中，然后定容至 100mL，贮存于玻璃试剂瓶中备用。

（3）0.75mol/L 氢氧化钠溶液：称量 3g 氢氧化钠（NaOH，MW40.00），倒入盛有 80mL 纯水的烧杯里，使其彻底溶解。然后把溶液移入 100mL 容量瓶，烧杯洗涤 3 次，洗涤后的水溶液一并倒入容量瓶中（注意：此时总体积不能超过 100mL），再加水至容量瓶 100mL 刻度线。最后盖好容量瓶的盖子，轻轻摇匀。

（4）2mmol/L 碘乙酸溶液：称量 37.2mg 碘乙酸（$C_2H_3IO_2$，MW185.94），溶于 80mL 纯水中，然后定容至 100mL。

（5）5mmol/L 2,4-二硝基苯肼溶液：称量 0.1g 2,4-二硝基苯肼（$C_6H_6N_4O_4$，MW198.14），溶于 100mL 2mo1/L 盐酸溶液中，储存于棕色瓶中备用。

（6）0.56mol/L 硫酸肼溶液：称量 7.28g 硫酸肼（$H_6N_2O_4S$，MW130.12）溶于 70mL 纯水中，这时不会全部溶解，当使用 NaOH 调整溶液 pH 为 7.4 时将完全溶解，然后定容至 100mL。

【实验步骤】

（1）发酵：取 3 支 1.5mL 离心管，编号 1、2、3，分别加入活性干酵母 20mg。然后按照表 2.1.2 所示加入试剂并颠倒使其混合，在 37℃金属浴保温 45min，其间颠倒 1～2 次。

表 2.1.2　发酵反应

试剂	样品		
	1	2	3
10%三氯乙酸溶液/mL	0.2	0	0
2mmol/L 碘乙酸溶液/mL	0.1	0.1	0
0.56mol/L 硫酸肼溶液/mL	0.1	0.1	0
5%葡萄糖溶液/mL	1	1	1
37℃金属浴保温 45min			
记录观察结果			

（2）终止发酵：按照表 2.1.3 所示添加试剂，其间颠倒 2 次，终止发酵，再静置 10min。

表 2.1.3　终止发酵反应

试剂	样品		
	1	2	3
5%三氯乙酸溶液/mL	0	0.2	0.2
2mmol/L 碘乙酸溶液/mL	0	0	0.1
0.56mol/L 硫酸肼溶液/mL	0	0	0.1

（3）发酵液离心：上述 3 个样品 12 000*g*，离心 1min，取上清液用于显色鉴定。

（4）显色鉴定：取 3 支 1.5mL 离心管，按表 2.1.4 所示添加试剂，观察现象、记录、拍照。

表 2.1.4　显色鉴定

试剂	样品		
	1	2	3
离心上清液/mL	0.1	0.1	0.1
0.75mol/L 氢氧化钠溶液/mL	0.1	0.1	0.1
室温放置 2min			
5mmol/L 2,4-二硝基苯肼溶液/mL	0.1	0.1	0.1
室温放置 5min			
0.75mol/L 氢氧化钠溶液/mL	0.7	0.7	0.7
记录观察结果			

【思考题】

（1）本实验鉴定的是哪种中间产物？

（2）实验中加入的葡萄糖、干酵母、三氯乙酸、碘乙酸和硫酸肼，各起什么作用？

（3）加入氢氧化钠的目的是什么？

（4）实验中产生的气泡是什么气体？是如何产生的？

动物肝糖原的提取及鉴定（PPT）

实验 3　糖原的提取与鉴定

糖原是由葡萄糖分子聚合成的有许多分支的大分子聚合物，是动物体内储存的高分子糖类化合物，以颗粒状存储于肝脏及肌肉组织内，即肝糖原和肌糖原，是极易被动员的一种能量储存形式，对维持恒定的血糖水平和供给肌肉收缩所需的能量具有重要意义。

【实验原理】

高浓度的三氯乙酸能够让组织中的蛋白质变性从而沉淀析出，但对糖原无作用，故糖原稳定地存在于上清液中。经过此步处理，可将糖原同蛋白质成功分离。糖原不溶于乙醇而溶于热水，故可用95%乙醇将其沉淀后再溶于热水，从而将其分离。

糖原本身无还原性，其溶液呈乳样光泽，加入碘液后，因其葡萄糖长链形成的螺旋中分子间引力吸附碘液，从而呈现碘液本身的颜色。在酸性条件下加热，可使糖原水解生成葡萄糖。因葡萄糖具有还原性，能够将本尼迪克特试剂（也称班氏试剂）中硫酸铜的 Cu^{2+} 还原成 Cu^{+}，从而使溶液由蓝色转变为砖红色。通过以上方法可以判定组织中是否有糖原。

【实验目的】

（1）掌握相关试剂的配制方法。

（2）掌握匀浆肝脏组织的操作方法及注意事项。

（3）正确使用移液管和移液枪。

（4）了解肝糖原提取的原理，掌握其操作方法及注意事项。

【实验器材】

器材：分析天平、金属浴（水浴锅）、移液枪、研钵、量筒、烧杯、手术刀、镊子、称量纸、滤纸、离心管、白瓷反应板、pH 试纸等。

材料：饱食动物的新鲜肝脏。

试剂：

（1）0.9%氯化钠溶液：称量 4.5g 氯化钠，溶解于 400mL 纯水并定容至 500mL。

（2）碘试剂：称量 100mg 碘和 200mg 碘化钾，溶解于 40mL 纯水并定容至 50mL。

（3）95%乙醇溶液：购买的试剂直接使用。

（4）5%三氯乙酸溶液：称量 5g 三氯乙酸，溶解于 80mL 纯水并定容至 100mL。

（5）20%氢氧化钠溶液：称量 2g 氢氧化钠，溶解于 8mL 纯水并定容至 10mL。

（6）浓盐酸：购买的试剂直接使用。

（7）班氏试剂：先分别制备 A 溶液和 B 溶液，再将两者混合并定容至 200mL，混合均匀备用。

A 溶液：称量 34.6g 柠檬酸钠（$C_6H_5Na_3O_7$，MW258.07）和 20g 无水碳酸钠（Na_2CO_3，MW105.99）溶于 120mL 纯水中，加热溶解，再定容至 150mL，冷却备用。

B 溶液：称量结晶硫酸铜（$CuSO_4 \cdot 5H_2O$，MW249.68）3.46g，加入 20mL 纯水中，加热溶解，再定容至 30mL，冷却备用。

【实验步骤】

（1）肝脏组织研磨：取 1.5g 饱食动物的肝脏组织，用生理盐水将其表面血液洗净并用滤纸吸干水分，然后放入研钵内并快速加入3mL5%三氯乙酸，研磨至糜状，再加入6mL 5%三氯乙酸，研磨均匀后分装至10支1.5mL离心管进行离心（4 000g，5min）。每小组取2支新的1.5mL离心管，从离心样品中各取上清液700μL。

（2）糖原提取：向上清液中加入等体积 95%乙醇，上下颠倒使其混合均匀，静置10min，然后进行离心（4 000g，5min），弃上清液，离心管底部可见白色沉淀物，即为糖原。

（3）糖原鉴定：在沉淀物中加入1mL纯水，搅拌均匀后可见乳样光泽的糖原溶液。

① 与碘的呈色反应：取一白瓷反应板，2个反应孔标记为对照组，2个反应孔标记为实验组，并在4个孔中分别加入碘试剂20μL。然后在实验组加入40μL糖原溶液，对照组加入40μL纯水。观察对比两组的颜色变化，并对结果进行分析。

② 与班氏试剂的呈色反应：Ⅰ.取1支1.5mL离心管，先加入糖原溶液1mL，再加浓盐酸100μL，充分混匀后在100℃下静置20min；Ⅱ.在冷水中快速冷却，并向管内滴加20%氢氧化钠溶液约100μL；Ⅲ.取2支新的1.5mL离心管，分别标记为对照组和实验组，然后按照表2.1.5所示添加试剂并进行操作，然后记录并讨论观察结果。

表2.1.5 班氏试剂的呈色反应

试剂	组别	
	对照组	实验组
糖原水解液/mL	0	0.1
糖原原液/mL	0.1	0
班氏试剂/mL	1	1
混匀后100℃处理20min		
记录实验结果		

【注意事项】

（1）肝脏样本必须来源于饱食后的动物，且要新鲜，不可用冻存样本。

（2）对肝脏进行充分研磨，这是实验成败的关键。

（3）肝脏组织清洗干净后，需要迅速加入三氯乙酸溶液，以免糖原分解。

（4）不能加入过多班氏试剂，否则观察不到预期结果。

【思考题】

（1）糖原主要存在于哪些组织中？其主要生物学功能是什么？

（2）为何肝糖原提取时要使用新鲜的饱食动物的新鲜肝脏？

（3）为何要将动物肝脏表面的血液处理干净？如果不处理，会对结果有何影响？

（4）为何将肝脏处理干净后要快速进行三氯乙酸处理？

（5）糖原水解后的样品中加入班氏试剂并煮沸一定时间后会观察到什么现象？为什么？

实验 4　可溶性糖的硅胶 G 薄层层析

【实验原理】

本实验以硅胶 G 固定相进行薄层层析。点在硅胶 G 上的样品多次被吸附剂吸附及展开剂解吸附，结果使混合糖中不同糖组分因其分子量、羟基、醛基、酮基数目的差异，在硅胶 G 薄层上以不同速度移动而被分离。被吸附剂吸附强及被展开剂解吸附弱的组分在薄层上移动速度慢，展开距离短；反之则移动速度快，展开距离长。可根据样品中各组分的比移值 R_f 衡量分离效果。

可溶性糖的硅胶 G 薄层层析（PPT）

薄层层析的展层方式包括上行法、下行法和近水平法等，其中以上行法应用最广泛。上行法是将适量展开剂倒入具有密闭盖子的玻璃缸（层析缸）中，将点有样品的薄层板放入即可进行分离，如图 2.1.1 所示。

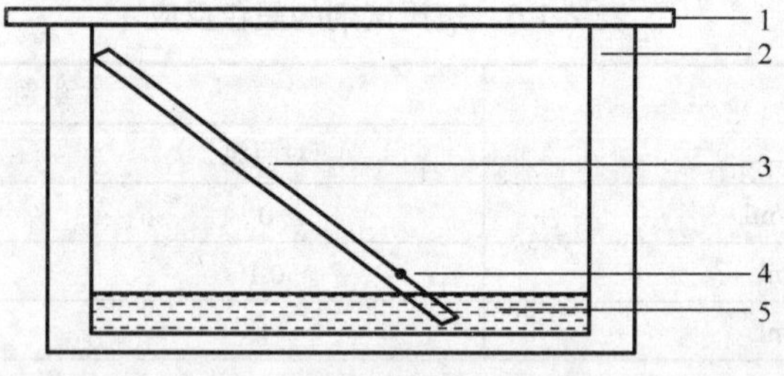

1．缸盖；2．层析缸；3．薄层板；4．点样处；5．展开剂。

图 2.1.1　密闭式层析缸示意图

【实验目的】

（1）掌握薄层层析的原理和操作技术。

（2）了解利用比移值鉴定混合糖各组分的方法。

【实验器材】

器材：玻璃板、天平、烘箱、电吹风、毛细管、层析缸、喷雾器。

材料：硅胶 G、鼠李糖、蔗糖、葡萄糖、磷酸。

试剂：

（1）1%标准糖溶液：称量鼠李糖、蔗糖和葡萄糖各 100mg，分别用纯水溶解并定容至 10mL，混合均匀，备用。

（2）混合糖溶液：称量鼠李糖、蔗糖和葡萄糖各 1g，用纯水溶解并定容至 50mL，混合均匀，备用。

（3）显色剂（苯胺-二苯胺-磷酸）：称量 1g 二苯胺，加入 1mL 苯胺溶解，然后加入 50mL 丙酮，混合均匀；最后加入 5mL 磷酸（H_3PO_4），边加边搅拌，得到透明的显色剂溶液。

（4）展开剂［氯仿：甲醇=60：40（*V*/*V*）］：取 600mL 氯仿和 400mL 甲醇混合均匀（建议现用现配）。

（5）0.02mol/L 乙酸钠溶液（含有 0.5%的羧甲基纤维素钠）：称量 0.164g 乙酸钠和 0.5g 羧甲基纤维素钠（CMC-Na），溶于 80mL 纯水，并定容至 100mL，备用。

【实验步骤】

（1）薄层板的制备：称量硅胶 G 1.5g 置于烧杯中，加入 0.02mol/L 乙酸钠 6mL（含 0.5% CMC-Na），搅拌，使其成均匀的糊状；然后迅速倒于玻璃板上并铺平，将铺好的硅胶 G 薄板置于 100℃烘箱中烘干，取出放置常温后使用。

（2）点样：用 4 根毛细管分别吸取 3 种标准糖和混合糖溶液，在距离薄层板底端 1.5cm 处进行点样，样品间距离为 1cm，用电吹风吹干。重复该操作 5 次。

（3）展开：首先在层析缸中倒入展开剂（注意展开剂液面不要超过点样线），将薄层板点样端朝下放入层析缸中，封闭层析缸，待展开剂移动到距薄层板上端 1cm 处取出，用电吹风吹干。

（4）显色：向薄层板上均匀喷上显色剂，然后置于 80℃烘箱中烘干至色斑出现为止。

（5）记录：拍照记录各样品斑点出现的位置及其颜色，测量各标准糖和混合糖移动距离，计算各组分的比移值 Rf，并鉴定混合糖中各单糖的组分。

【思考题】

（1）薄层层析与其他层析法比较有哪些优点？

（2）在本实验中哪些操作步骤是实验成功的关键？

（3）薄层层析分离可溶性糖的原理是什么？

（4）显色时，是否可以采用其他的糖显色剂？

第2章　脂

脂类是脂肪和类脂的总称，脂肪是动物体内重要的储能物质，类脂是构成组织细胞的重要成分。对于动物而言，还需要从食物或饲料中获取必需脂肪酸。因此，脂类及其代谢的情况同样也是动物健康与否的重要指标。日常生活中常说的高血脂和高胆固醇以及家畜的酮病等都是脂类代谢异常所致。因此，脂质提取与鉴定、胆固醇和酮体含量的测定等都是临床医学、畜牧业生产等实际工作中需要分析的指标，其重要性对动物科学、动物医学等专业的学生来说不言而喻。

实验5　生物组织中胆固醇的测定

胆固醇（cholesterol）是生物机体中最重要的一种以环戊烷多氢菲为母核的固醇类化合物，它参与血浆脂蛋白的组成，也是细胞膜的必要结构成分，还可以转化为胆汁酸盐、性激素、肾上腺皮质激素和维生素 D_3 等生物活性物质。血清总胆固醇是血液中所有脂蛋白所含胆固醇之总和。总胆固醇包括游离胆固醇和胆固醇酯，肝脏是其合成和储存的主要器官。其在血清中的浓度可作为脂代谢的指标，临床上将血清总胆固醇增高称为高胆固醇血症。

血清胆固醇含量的测定（PPT）

【实验原理】

总胆固醇的测定方法有200多种，有化学试剂比色法、比浊法、酶分析法、荧光法、吸附层析法、气相色谱法和高效液相色谱法等。实验室最常用的是比色法和酶分析法，本实验采用前者。

胆固醇及其酯易溶于无水乙醇，血清经无水乙醇处理后，胆固醇与蛋白质的结合键被破坏，使蛋白质变性沉淀，而胆固醇完全溶于乙醇中。在胆固醇的乙醇提取液中加入磷硫铁试剂，胆固醇及其酯与磷硫铁试剂生成比较稳定的紫红色物质，该反应物颜色的深浅与胆固醇及其酯含量成正比，可用比色法进行定量测定。

【实验目的】

（1）掌握提取血清胆固醇的原理和方法。

（2）掌握磷硫铁法测定血清胆固醇含量的原理和方法。

【实验器材】

器材：恒温水浴锅、分光光度计、离心机、离心管、试管、移液管。

材料：动物新鲜血清、玉米粉。

试剂：

（1）胆固醇标准液：准确称量干燥重结晶胆固醇 80mg，溶于无水乙醇（因不易溶解，可稍加热助溶），并定容至 100mL，储存于棕色瓶中，4℃冰箱保存，此液为储存液。将储存液用无水乙醇准确稀释 10 倍，即得含量为 80μg/mL 的胆固醇标准液。

（2）10%三氯化铁溶液：准确称量 10g 三氯化铁（$FeCl_3 \cdot 6H_2O$），用浓磷酸（～85%）溶解，并定容至 100mL，储存于棕色瓶中。

（3）磷硫铁试剂：取 10%三氯化铁 1.5mL 放入 100mL 棕色容量瓶中，加浓硫酸定容至 100mL。

（4）无水乙醇：购买后直接使用。

【实验步骤】

1）动物材料

（1）胆固醇样品提取：①准确量取血清 0.1mL 放入干燥洁净的 10mL 离心管内；②无水乙醇分两步添加，先加入 0.4mL，摇匀，再加入 2.0mL，用力摇匀后静置 10min；③离心（室温，3 000g，5min），取上清液备用。

（2）胆固醇样品测定：①取 4 支干燥、洁净的 2.0mL 离心管，按表 2.2.1 标记并添加试剂，混匀，放置 10min；②在 560nm 波长下测定标准管和样品管的吸光度值。

表 2.2.1　动物胆固醇检测反应

试剂	实验分组			
	空白管	标准管	样品管 1	样品管 2
无水乙醇/mL	1.0	—	—	—
胆固醇标准液/mL	—	1.0	—	—
样品上清液/mL	—	—	1.0	1.0
磷硫铁试剂/mL	1.0	1.0	1.0	1.0

2）植物材料

（1）胆固醇样品提取：①准确称量 1g 玉米粉放入 10mL 刻度离心管中；②加无水乙醇至 8mL 刻度线，用玻璃棒搅拌均匀；③将离心管用带长玻璃管的回流胶塞盖紧，在沸水浴中蒸馏 5min，然后冷却；④离心（室温，2 500g，10min），取上清液备用。

（2）胆固醇样品测定：①取 4 支干燥、洁净的 2.0mL 离心管，按表 2.2.2 标记并添加试剂，混匀，放置 15min；②在 560nm 波长下测定标准管和样品管的吸光度值。

表 2.2.2　植物胆固醇检测反应

试剂	实验分组			
	空白管	标准管	样品管 1	样品管 2
无水乙醇/mL	1	—	0.9	0.9
胆固醇标准液/mL	—	1	—	—
样品上清液/mL	—	—	0.1	0.1
磷硫铁试剂/mL	1	1	1	1

【计算】

$$\text{血清中胆固醇含量(mg/100mL)}=\frac{\text{样品液吸光度值}}{\text{标准液吸光度值}}\times 0.08\times\frac{100}{0.04}$$

$$\text{植物样品中胆固醇含量(mg/100g)}=\frac{\text{样品液吸光度值}}{\text{标准液吸光度值}}\times c\times\text{稀释倍数}\times 100$$

式中：c——胆固醇标准液的浓度（80μg/mL）；

稀释倍数——玉米粉的稀释倍数为 80。

【注意事项】

（1）以清晨空腹抽血（隔夜忌食高脂）为宜，分离血清应避免溶血。

（2）因胆固醇与磷硫铁试剂的显色反应受温度和水分影响，所以实验中所用试管、离心管、比色皿均需干燥，否则会影响显色反应。

（3）磷硫铁试剂有强腐蚀性，操作中应注意安全防护。

（4）测定吸光度值时，要防止样品溅出溢入比色池而腐蚀仪器。

【思考题】

（1）磷硫铁试剂法测定血清胆固醇的原理是什么？

（2）哪些因素会影响实验的准确性？应如何避免？

（3）在整个实验过程中，所用容器为何必须保持干燥？

（4）脂类难溶于水，将其均匀分散在水中则形成乳浊液，但含有较多脂类的血浆和血清却清澈透明，为什么？

（5）提取胆固醇时无水乙醇为何分两次加入？

实验 6　酮体的测定

在肝脏线粒体中，脂肪酸经β-氧化生成的过量乙酰辅酶 A 缩合形成酮体（ketone body）。酮体包括乙酰乙酸、β-羟丁酸和丙酮三种化合物。但是，肝脏不能利用酮体，只有在肝外组织，尤其是心脏、骨骼肌、肾脏和大脑中，酮体可以转变为乙酰辅酶 A，进入三羧酸循环而被氧化利用。

酮体的测定（PPT）

【实验原理】

本实验以丁酸为底物，与新鲜的肝匀浆样品一起保温，然后测定肝匀浆液中酮体的生成量。本实验主要测定的是丙酮的含量。

在碱性溶液中，碘可将丙酮氧化生成碘仿。通过硫代硫酸钠滴定剩余的碘，可以计算所消耗的碘，由此计算出酮体（以丙酮为代表）的含量。有关反应式如下：

$$CH_3COCH_3+3I_2+4NaOH \longrightarrow CHI_3+CH_3COONa+3NaI+3H_2O$$

$$I_2+2Na_2S_2O_3 \longrightarrow Na_2S_4O_6+2NaI$$

根据滴定样品和滴定对照组所消耗的硫代硫酸钠溶液的体积之差，可以计算出丁酸氧化生成丙酮的量。

【实验目的】

（1）了解酮体生成的原料以及生成与利用的部位。

（2）掌握肝脏酮体分析方法。

【实验器材】

器材：恒温水浴锅、试管、移液管、锥形瓶、滴定管、铁架台、研钵。

材料：新鲜动物肝脏。

试剂：

（1）0.1%淀粉液：称量 0.1g 可溶性淀粉置于研钵中，加入少量预冷的纯水将淀粉调成糊状，再慢慢倒入煮沸的纯水 90mL，搅匀后再用纯水定容至 100mL。

（2）0.9%氯化钠溶液：称量 0.9g 氯化钠溶于少量纯水，最后定容至 100mL。

（3）15%三氯乙酸溶液：称量 15g 三氯乙酸溶于少量纯水，最后定容至 100mL。

（4）10%氢氧化钠溶液：称量 10g 氢氧化钠溶于少量纯水，最后定容至 100mL。

（5）10%盐酸溶液：量取 10mL 浓盐酸，用纯水稀释至 100mL。

（6）0.5mol/L 丁酸溶液：量取 4.83mL 丁酸（密度 0.958 7g/mL，MW88.11）溶于 100mL 0.5mol/L 氢氧化钠中。

（7）0.1mol/L 硫代硫酸钠溶液：称量 24.82g 硫代硫酸钠（$Na_2S_2O_3 \cdot 5H_2O$，MW248.2）和 400mg 无水碳酸钠（Na_2CO_3，MW105.99）溶于 900mL 煮沸的纯水中，定容至 1 000mL。

（8）0.02mol/L 硫代硫酸钠溶液：将 0.1mol/L 硫代硫酸钠溶液用 0.1mol/L KIO_3 标定，使用时稀释成 0.02mol/L。

（9）0.1mol/L 碘溶液：称量 1.27g I_2（MW126.9）和 2.5g KI（MW166.0）加水溶解，定容至 1 000mL，然后用 0.1mol/L 硫代硫酸钠标定。

（10）66.7mmol/L 磷酸盐缓冲液（pH 7.7）：先制备 A 溶液和 B 溶液，各取 A 溶液 90mL 和 B 溶液 10mL，将两者混合均匀即可。

A 溶液（66.7mmol/L Na_2HPO_4 溶液）：称量一定量的磷酸氢二钠［$Na_2HPO_4 \cdot 12H_2O$（MW358.1）2.387g、$Na_2HPO_4 \cdot 2H_2O$（MW178.0）1.187g 或 NaH_2PO_4（MW142.0）0.946g］溶于水，并定容至 100mL。

B 溶液（66.7mmol/L KH_2PO_4 溶液）：称量磷酸二氢钾（KH_2PO_4，MW136.1）0.454g 溶于水，并定容至 50mL。

【实验步骤】

（1）肝脏匀浆液制备：将新鲜兔（或大白鼠、豚鼠）的肝脏用 0.9%氯化钠洗去污血，放在滤纸上，吸去表面的水分。称量肝脏组织 5g 置于研钵中，加 0.9%氯化钠溶液研磨，至总体积为 10mL，制成肝脏组织匀浆液。

（2）生酮反应：取试管 2 支，编号 A 和 B，按表 2.2.3 添加试剂并操作。然后向每管各加 15%三氯乙酸 3mL，摇匀，室温放置 10min，过滤，保存滤液。

表 2.2.3　生酮反应及蛋白质沉淀

试剂	分组	
	A	B
肝脏组织匀浆液/mL	—	2.0
预先煮沸的肝脏匀浆液/mL	2.0	—
pH 7.7 的磷酸盐缓冲液/mL	4.0	4.0
丁酸溶液/mL	2.0	2.0
混合均匀，43℃水浴保温 60min		

（3）酮体的测定：①取 50mL 锥形瓶 2 支，编号 A 和 B，然后按表 2.2.4 添加试剂，混合均匀后静置 10min；②向各管中加入 10%盐酸，使溶液呈中性或弱酸性，再用 0.02mol/L 硫代硫酸钠溶液分别滴定各瓶溶液至显示浅黄色；③向各瓶添加数滴 0.1%淀粉液使溶液呈蓝色，再用 0.02mol/L 硫代硫酸钠溶液滴定各瓶溶液至蓝色消失为止；④记录滴定时所用去的硫代硫酸钠溶液体积。

表 2.2.4　酮体的测定

试剂	分组	
	A	B
滤液/mL	5.0	5.0
0.1mol/L 碘溶液/mL	3.0	3.0
10%氢氧化钠溶液/mL	3.0	3.0

（4）结果计算。

$$肝脏生成的酮体量(mmol/g) = (V_A - V_B) \times c \times 1/6$$

式中：V_A——滴定样品 A（对照组）消耗的硫代硫酸钠的体积（mL）；

V_B——滴定样品 B（实验组）消耗的硫代硫酸钠的体积（mL）；

c——硫代硫酸钠溶液的浓度（mol/L）。

【思考题】

（1）为什么肝脏只能生成酮体，而不能利用酮体？

（2）生物体内脂肪酸是如何转变为酮体的？

（3）为什么说做好本实验的关键是制备新鲜肝脏匀浆液？

（4）本实验中三氯乙酸的作用是什么？

（5）为什么通过测定碘仿反应中剩余的碘可以计算出样品中丙酮的含量？

实验 7　脂质的提取与薄层层析

【实验原理】

生物组织中含有的脂类包括脂肪（三酰甘油）、胆固醇、脑磷脂和卵磷脂等，多与蛋白质生成疏松的复合物。极性有机溶剂用于提取脂质时，既能降低脂质分子间的疏水相互作用，又能减少与蛋白质之间的氢键结合和静电相互作用。实验以氯仿-甲醇混合液进行脂质提取，经过多次水洗，弃去含蛋白质的水层，留下溶有脂质的氯仿层。所提取的脂类可以在铺有硅胶 G 的玻璃板上进行薄层层析。

脂质的提取与薄层层析（PPT）

薄层层析是吸附层析的一种，可快速分离和定性分析少量物质，是利用被分离混合物中各组分在两相中吸附能力的大小不同而分离的。薄层层析中，常以涂布于支持板上的支持物作为固定相，使用硅胶 G、三氧化二铝或纤维素等，以合适的有机溶剂为流动相（展层剂）。

将提取的脂类混合液用毛细管点在薄层板的一端，置于密闭槽中，加入适宜有机溶剂为流动相。由于样品各组分的分子结构不同，吸附剂对其的吸附力不同。当展层剂流经点样点时，吸附力小的成分移动的速度快，吸附力大的成分则移动速度慢。因此，各组分的移动距离不同，从而将各组分分开。各组分在板上显示的位置用 R_f 表示（参见 2.3 节）。

【实验目的】

（1）掌握从蛋黄中提取脂类物质的方法，了解其脂类物质的组成成分。

（2）了解薄层层析的原理，掌握薄层层析法定性、定量测定脂质各组分的方法。

【实验器材】

器材：研钵、滤纸、刻度试管与试管架、5cm×20cm 玻璃板、烘箱、毛细管、层析缸、铅笔、直尺。

材料：蛋黄。

试剂：

（1）无水 Na_2SO_4、硅胶 G（200 目）、碘（购买的试剂直接使用）。

（2）抽提液：氯仿和甲醇的混合物（氯仿∶甲醇=2∶1）。

（3）展层剂：4 种成分的混合物（氯仿∶甲醇∶乙酸∶水=170∶30∶20∶7）。

【实验步骤】

（1）蛋黄脂质提取液的制备：①称量煮熟的蛋黄 2g 放入研钵中，取 5 倍体积（1g 蛋黄按 1mL 计算）的抽提液，一边缓慢加入，一边研磨；②在保持摇匀的状态下静置

10min；③滤纸过滤；④在滤液中加入 1/2 滤液体积的水，用力振荡后静置，直至溶剂分为两层（上层为水相，下层为有机相），弃水相，保留有机相；⑤重复加水、振荡、静置、提取有机相的操作 3～4 次；⑥在有机相中加入足够量的固体无水 Na_2SO_4，以吸收残留的水分，直至溶液呈透明澄清的状态，即蛋黄脂质提取液，用于薄层层析的脂质样品。

（2）层析薄板的制备：①称量 7.0g 硅胶 G（200 目）放入研钵，边加水边研磨，最终加水 23mL，使其呈均质；②将硅胶匀浆液倒入 5cm×20cm 水平放置的玻璃薄板上使其均匀铺展，在室温下自然干燥；③使用前在 110℃温度下活化 30min，冷却后保存于干燥器中备用。

（3）点样：用毛细管取蛋黄提取液，于硅胶板距底边 2cm 处点样（点样直径不超过 3mm），重复点样 5 次，每次点样后用冷风吹干。

（4）展层：①将点样后的硅胶板底部放入展层剂中，待展层剂前沿到达薄层顶端约 2cm 处停止展层；②取出硅胶板，用铅笔轻轻绘出展层剂的前沿，然后用热风吹干。

（5）显色：把硅胶板立即放入预先装有数粒碘片的干净层析缸中，密闭几分钟后，已经展层分开的脂质成分将吸附碘蒸气而显黄色斑点。

（6）Rf 值的测定与结果分析：计算各斑点 Rf 值，并分析各斑点分别对应何种脂质。

【思考题】

（1）做好本实验的关键步骤有哪些？为什么？

（2）薄层层析法定性、定量分析脂质各组分的原理是什么？

第 3 章　氨基酸和蛋白质

氨基酸（amino acid）同时具有 α-氨基和 α-羧基，因而具有一些特殊的理化性质。对多数氨基酸来说，在酸性溶液中，氨基可以接受质子使分子带正电；而在碱性溶液中，羧基上的氢发生解离，使分子带负电，因此氨基酸具有两性解离的特点，故被称为两性电解质。除了 α-氨基和 α-羧基外，某些氨基酸上的其他基团也能够发生解离，如谷氨酸（glutamic acid，Glu）和天冬氨酸（aspartic acid，Asp）的羧基、赖氨酸（lysine，Lys）的 ε-氨基、精氨酸（arginine，Arg）的胍基、组氨酸（histidine，His）的咪唑基、酪氨酸（tyrosine，Tyr）的酚基、半胱氨酸（cysteine，Cys）的巯基等。任何一种氨基酸，若在某一特定 pH 溶液中，其所带静电荷为零，则该 pH 被称为该氨基酸的等电点（isoelectric point，pI）。此外，3 种芳香族氨基酸，即苯丙氨酸（phenylalanine，Phe）、色氨酸（tryptophan，Trp）和酪氨酸，均具有紫外吸收的特点。还有，氨基酸上的很多基团可以和某些试剂发生化学反应，产生有色物质（呈色反应）。蛋白质作为生命活动的体现者，它的基本组成单位是氨基酸，因此具有很多与氨基酸相似的性质，如两性解离、紫外吸收、呈色反应等。除此之外，蛋白质溶液具有胶体性质，在多种条件下能发生沉淀反应。这些特点，为氨基酸或蛋白质的分离纯化与鉴定提供了理论基础。

实验 8　蛋白质（氨基酸）等电点的测定

【实验原理】

蛋白质和氨基酸都是两性电解质，在 pH 为等电点的溶液中，其静电荷为零。当 pH 大于等电点时，所带电为负电，在电场中向正极移动；反之带正电，在电场中向负极移动。在蛋白质溶液中存在下列平衡：

蛋白质的两性性质及等电点的测定（PPT）

$$H_2N-Pr-COO^- \underset{OH^-}{\overset{H^+}{\rightleftharpoons}} H_3^+N-Pr-COO^- \underset{OH^-}{\overset{H^+}{\rightleftharpoons}} H_3^+N-Pr-COOH$$

在等电点时，蛋白质溶解度最小，溶液的混浊度最大，因此可配制不同 pH 的缓冲液。通过观察蛋白质在这些缓冲液中的溶解情况即可确定蛋白质的等电点。

溴甲酚绿（$C_{21}H_{14}Br_4O_5S$）微溶于水，溶于乙醇、乙醚、乙酸乙酯和苯等有机溶剂，主要用作酸碱指示剂。pH 3.8 时呈黄色，pH 5.4 时呈蓝绿色，pH 4.5 时开始有明显的颜色变化。

【实验目的】

（1）了解蛋白质的两性电解质的性质及其等电点的概念，以及蛋白质等电点与其分子聚沉的关系。

（2）掌握利用聚沉反应测定蛋白质等电点的方法。

【实验器材】

器材：试管架、15mL 试管、刻度吸管（1mL、2mL、10mL）、胶头滴管。

材料：酪蛋白。

试剂：

（1）1mol/L 乙酸溶液：量取 99.5%乙酸溶液（密度 1.05，MW60.05）2.875mL，加水定容至 50mL。

（2）0.1mol/L 乙酸溶液：吸取 1mol/L 乙酸溶液 5mL，加水定容至 50mL。

（3）0.01mol/L 乙酸溶液：吸取 0.1mol/L 乙酸溶液 5mL，加水定容至 50mL。

（4）1.0mol/L 氢氧化钠溶液：称量 2.0g 氢氧化钠（MW40.0），溶解于 50mL 水中。

（5）0.2mol/L 氢氧化钠溶液：取 1.0mol/L 氢氧化钠溶液 10mL，加水定容至 50mL。

（6）0.2mol/L 盐酸溶液：取 37%盐酸（HCl，密度 1.19，MW36.5）4.15mL，加水定容至 50mL，配制 1mol/L 盐酸溶液。取 10mL1mol/L 盐酸加水定容至 50mL，即得到 0.2mol/L 盐酸溶液。

（7）0.01%溴甲酚绿指示剂：称量 5mg 溴甲酚绿，加入 290μL 的 0.2mol/L 氢氧化钠，再加水定容至 50mL。

（8）0.5%酪蛋白：称量酪蛋白（干酪素）0.25g 放入 50mL 容量瓶中，加水约 20mL，再加入 1mol/L 氢氧化钠溶液定容，混合均匀。

【实验步骤】

（1）酪蛋白的两性反应：①取一支试管，加 0.5%酪蛋白 1mL，再加溴甲酚绿指示剂 4 滴，摇匀，观察溶液的颜色变化，做记录并分析原因；②用胶头滴管慢慢加入 0.2mol/L 盐酸溶液，边加边摇，直到有大量的沉淀生成，此时溶液的 pH 接近酪蛋白的等电点，观察溶液颜色的变化；③继续滴加 0.2mol/L 盐酸溶液，观察沉淀与颜色的变化，并说明原因；④滴加 0.2mol/L 氢氧化钠溶液进行中和，观察是否再次出现沉淀，在此基础上，继续滴加 0.2mol/L 氢氧化钠溶液，仔细观察颜色变化，做记录并分析原因。

（2）酪蛋白等电点的测定：①取同样规格的试管 7 支，按表 2.3.1 精确加入试剂；②充分摇匀，然后向以上各试管依次加入 0.5%酪蛋白 1mL，边加边摇，摇匀后静置 5min，观察各管的混浊度，做记录并分析原因。

表 2.3.1　酪蛋白的等电点

试剂	管号						
	1	2	3	4	5	6	7
1mol/L 乙酸溶液/mL	1.6	0.8	0	0	0	0	0
0.1mol/L 乙酸溶液/mL	0	0	4.0	1.0	0	0	0
0.01mol/L 乙酸溶液/mL	0	0	0	0	2.5	1.3	0.6
H_2O/mL	2.4	3.2	0	3.0	1.5	2.8	3.4
溶液的 pH	3.5	3.8	4.1	4.7	5.3	5.6	5.9

【结果处理与分析】

用–、+、++、+++等符号表示各管的混浊度。根据混浊度来判断酪蛋白的等电点。最混浊一管的 pH 即酪蛋白的等电点。

【思考题】

（1）解释蛋白质两性反应中颜色及沉淀变化的原因。
（2）本实验所用方法测定蛋白质等电点的原理是什么？
（3）本实验中为什么缓冲液的 pH 必须准确？

实验 9　蛋白质的沉淀反应

【实验原理】

蛋白质的水溶液是稳定的亲水胶体，原因之一是蛋白质分子表面有许多极性基团，与水分子形成氢键，在蛋白质颗粒外面形成一层水化膜，使颗粒之间不易聚集沉淀；原因之二是在非等电点的情况下，蛋白质带同性电荷，由同性相斥使蛋白质不易聚集沉淀。因此，所有破坏蛋白质分子的水化膜以及使溶液的 pH 接近等电点的处理，均会产生蛋白质沉淀（protein precipitation），如改变溶液的离子强度、pH、介电常数和温度等。

蛋白质的沉淀反应（PPT）

【实验目的】

（1）理解蛋白质胶体溶液稳定的因素。
（2）掌握蛋白质沉淀的几种方法。
（3）了解蛋白质可逆沉淀与不可逆沉淀的区别以及蛋白质变性与沉淀的关系。

【实验器材】

器材：电子天平、移液枪、试管、滤纸、漏斗、烧杯、玻璃棒、胶头滴管、量筒、容量瓶、纯水。

材料：鸡蛋、硫酸铵。

试剂：

（1）蛋白质溶液：量取鸡蛋清 5mL 加入 250mL 烧杯中，加纯水定容至 95mL，充分搅拌，然后用 4 层纱布过滤，得到蛋白质溶液。

（2）饱和硫酸铵溶液：100mL 水中加硫酸铵至饱和（溶质不再溶解），过滤，备用。

（3）3%硝酸银溶液：称量 3g 硝酸银溶于 100mL 纯水中，备用。

（4）5%三氯乙酸溶液：称量 5g 三氯乙酸溶于 100mL 纯水中，备用。

（5）95%乙醇：购买试剂直接使用（或取 95mL 无水乙醇加水 5mL 混合均匀，备用）。

（6）0.1mol/L 氢氧化钠溶液：称量 400mg 氢氧化钠溶于纯水并定容至 100mL，备用。

（7）0.1mol/L 盐酸溶液：取 9mL 浓盐酸用纯水稀释至 1 000mL，备用。

（8）乙酸-乙酸钠缓冲溶液（pH=4.7）：称量无水乙酸钠 5.4g 溶于 50mL 纯水中，用冰醋酸调节 pH 至 4.7，加水定容至 100mL，混合均匀，备用。

（9）甲基红溶液：称量甲基红 100mg，用 7.4mL 0.05mol/L 氢氧化钠溶液进行溶解，用纯水定容至 200mL，备用。

（10）0.1mol/L 乙酸溶液：量取 5.75mL 浓度为 99.5%乙酸（密度 1.05，MW60.05），加水定容至 1 000mL，备用。

（11）0.05mol/L 碳酸钠溶液：取 5.3g 碳酸钠（Na_2CO_3，MW106.0）用纯水充分溶解后定容至 1 000mL，备用。

【实验步骤】

（1）蛋白质的盐析：①取试管 1 支（编号 1），先加入 2mL 蛋白质溶液，再加 2mL 饱和硫酸铵溶液，混合均匀后，静置 10min，观察到会有球蛋白沉淀析出。取少量沉淀放入一支新试管中，加少量水搅拌，观察沉淀是否溶解。②将试管 1 中的样品用滤纸过滤，向滤液中添加硫酸铵粉末直到不再溶解为止，此时析出的沉淀为清蛋白。取少量清蛋白放入另一支新试管中，加少量水搅拌，观察沉淀是否再次溶解。

（2）重金属离子沉淀蛋白质：①取试管 1 支，加入 2mL 蛋白质溶液，滴入 1～2 滴 3%硝酸银溶液，振荡试管，观察沉淀的生成；②倒出上清液，向沉淀中加入少量水搅拌，观察沉淀是否溶解。

（3）有机酸沉淀蛋白质：①取试管 1 支，加入 2mL 蛋白质溶液，再加入 1mL 5%三氯乙酸溶液，振荡试管，观察沉淀的生成；②倒出上清液，向沉淀中加入少量水搅拌，观察沉淀是否溶解。

（4）有机溶剂沉淀蛋白质：①取试管 1 支，加入 2mL 蛋白质溶液，再加入 2mL 95%乙醇，振荡试管，观察沉淀的生成；②倒出上清液，向沉淀中加入少量水搅拌，观察沉淀是否溶解。

将上述 4 种不同试剂使蛋白质沉淀反应的结果填入表 2.3.2。

表 2.3.2　几种蛋白质沉淀反应的结果

沉淀方法	试剂		沉淀生成情况	沉淀溶解情况	备注
	名称	用量			
盐析	饱和硫酸铵溶液	2mL			
重金属离子	3%硝酸银溶液	1～2 滴			
有机酸	5%三氯乙酸溶液	1mL			
有机溶剂	95%乙醇	2mL			

（5）乙醇引起蛋白质的变性与沉淀：取 3 支试管并进行编号，并按照表 2.3.3 添加试剂和操作，然后再根据表 2.3.3 所示向表 2.3.4 所示的 3 支试管中继续添加试剂并观察。

表 2.3.3　乙醇引起的变性和沉淀

试剂/mL	试管		
	1	2	3
蛋白质溶液	1	1	1
0.1mol/L 氢氧化钠溶液	—	1	—
0.1mol/L 盐酸溶液	—	—	1
95%乙醇	1	1	1
pH 4.7 缓冲溶液	1	—	—
	混匀后静置 5min，观察并记录沉淀情况		

表 2.3.4　试剂添加顺序及相应操作

试剂/mL	试管		
	1	2	3
H_2O	8	8	8
甲基红溶液	—	1 滴	1 滴
0.1mol/L 乙酸溶液	—	1	—
0.05mol/L 碳酸钠溶液	—	—	1
	混合均匀，观察颜色变化和沉淀生成情况		
0.1mol/L 盐酸	数滴	数滴	数滴
	观察沉淀再溶解情况，在实验报告中讨论原因		

【思考题】

（1）结合实验所用的试剂及实验结果，分析蛋白质沉淀的主要原因。

（2）蛋白质的可逆沉淀和不可逆沉淀有什么区别？

（3）在一定条件下，为什么鸡蛋清可作为重金属中毒的解毒剂？

（4）在等电点时，蛋白质溶液为什么容易发生沉淀？

实验 10　蛋白质的含量测定——紫外吸收法

【实验原理】

蛋白质分子中含有具苯环结构的氨基酸，即苯丙氨酸（Phe）、酪氨酸（Tyr）和色氨酸（Trp），其苯环结构中的共轭双键使蛋白质具有吸收紫外光的性质，三者的最大吸收波长分别为 257nm、278nm 和 279nm。许多蛋白质分子中 Tyr 和 Trp 的总量大体相近，蛋白质溶液在 280nm 处的吸光度值与蛋白质含量（0.1～1.0mg/mL）成正比。故通过测定蛋白质溶液的 OD_{280}（即蛋白质在 280nm 处的吸光度值），可方便、快速地测定样品的蛋白质浓度。

蛋白质含量测定——紫外吸收法（PPT）

【实验目的】

（1）掌握紫外吸收法测定蛋白质含量的原理和操作方法。

（2）掌握牛血清蛋白标准曲线的制作及未知蛋白质浓度的测定方法。

（3）熟记紫外吸收法测定蛋白质含量的适宜浓度（0.1～1.0mg/mL）。

（4）巩固分光光度计的正确使用方法。

【实验器材】

器材：分光光度计、石英比色皿、移液枪、2.0mL 离心管。

材料：1.0mg/mL 牛血清蛋白（BSA）溶液、纯水。

【实验步骤】

（1）分光光度计准备：开机，自检完成后将波长设定为 280nm。

（2）样品准备：①取 9 支 2.0mL 离心管，先分别标记为 1～8，剩下的一支管标记为“待测”；②按照表 2.3.5，向每支管中加入 1.0mg/mL BSA 溶液和纯水；③在待测管中，加一定体积（V）的未知蛋白质浓度的待测样品，并补足水至总体积为 1.6mL，颠倒混合均匀，待测。

蛋白质的含量测定

表 2.3.5　样品制备及 OD 值测定

试剂	样品编号								
	1	2	3	4	5	6	7	8	待测
1.0mg/mL BSA 溶液/mL	0	0.2	0.4	0.6	0.8	1.0	1.2	1.4	V
纯水/mL	1.6	1.4	1.2	1.0	0.8	0.6	0.4	0.2	$1.6-V$
BSA 浓度/（mg/mL）	0	0.125	0.25	0.375	0.5	0.625	0.75	0.875	?
OD_{280}测定									
OD_{280}									

（3）OD_{280}测定：将 1 号管的样品倒入石英比色皿中作为空白对照，分光光度计进行调零后，其他样品在紫外分光光度计上直接读取OD_{280}值，然后填入表格内（测三次，取其平均值填）。

（4）标准曲线制作：将表 2.3.5 的 BSA 浓度和OD_{280}值输入 Excel 表，将其分别作为纵轴 Y 和横轴 X 制作散点图，加上趋势线，显示线性方程 $Y=aX+b$ 和相关系数 R 的平方（R^2）。当 $R^2>0.99$ 时，说明方程拟合度较好，即蛋白质标准曲线和方程可信度高。

（5）待测样品浓度计算：根据待测样品OD_{280}值，在标准曲线上找到对应的纵坐标值，或代入线性方程，求出待测样品的蛋白质浓度。

【思考题】

（1）哪些氨基酸与紫外光吸收有关？

（2）什么是 BSA？它主要用于哪些方面？

（3）试分析可能影响实验结果的因素。

（4）紫外吸收法对比色皿有何要求？

实验 11　蛋白质的含量测定——Bradford 法

【实验原理】

考马斯亮蓝 G-250 在酸性溶液中与蛋白质结合约 5min 后，溶液颜色发生变化，最大吸收峰由 455nm 变为 595nm。在一定浓度范围内（0～1mg/mL），OD_{595}值与蛋白质浓度成正比，符合朗伯-比尔（Lambert-Beer）定律。例如，不同浓度的牛血清蛋白（BSA）溶液与考马斯亮蓝染色液在相同条件下结合，产生颜色深浅不同的溶液，此时测定溶液OD_{595}值，即可制作 BSA-OD_{595}的标准曲线。根据该标准曲线可算出未知样品的蛋白质浓度。该方法由 Bradford 在 1976 年建立，故被称为考马斯亮蓝染料结合法或 Bradford 法。

蛋白质含量测定——Bradford 法（PPT）

【实验目的】

（1）掌握 Bradford 法测定蛋白质含量的原理和操作方法。

（2）掌握 Bradford 法相关试剂的制备方法及标准曲线的制作方法。

（3）巩固分光光度计的正确使用方法。

【实验器材】

器材：分光光度计、移液枪、玻璃比色皿、2.0mL 离心管。

材料：1.0mg/mL BSA。

试剂：

考马斯亮蓝染色液：称 10mg 考马斯亮蓝 G-250 溶于 5mL 95%乙醇中，再加入 85%磷酸 10mL，用纯水定容至 100mL。

【实验步骤】

（1）样品制备：①取 12 支 2.0mL 离心管，先标记出 1～11，剩下的一支管标为“待测”；②按照表 2.3.6 所示。向 1～11 号管加入 1.0mg/mL BSA 溶液，并补足纯水至 30μL；③待测管内加未知蛋白质浓度的待测样品 *V*，补纯水至 30μL；④在所有管中加入 1.5mL 染色液，然后颠倒混合均匀，静置 5min。

蛋白质的含量测定

表 2.3.6　样品制备及 OD 值测定

试剂	样品编号											
	1	2	3	4	5	6	7	8	9	10	11	待测
纯水/μL	30	27	24	21	18	15	12	9	6	3	0	30−*V*
1.0mg/mL BSA/μL	0	3	6	9	12	15	18	21	24	27	30	V
考马斯亮蓝染色液/mL	1.5	1.5	1.5	1.5	1.5	1.5	1.5	1.5	1.5	1.5	1.5	1.5
BSA 浓度/（mg/mL）	0	0.1	0.2	0.3	0.4	0.5	0.6	0.7	0.8	0.9	1	?
OD_{595} 测定												
OD_{595}												

（2）OD_{595} 测定、标准曲线制作、待测样品浓度计算：同实验 10。

【思考题】

（1）考马斯亮蓝染色液制备过程中最容易忽视哪些问题？

（2）市售磷酸的浓度是多少？使用时应注意什么问题？

（3）Bradford 法对比色皿有何要求？使用过的比色皿应该如何清洗？

实验 12　蛋白质的含量测定——双缩脲法

【实验原理】

双缩脲（NH_2—CO—NH—CO—NH_2）在碱性溶液中能与 Cu^{2+} 反应生成紫红色的络合物，该反应称“双缩脲反应”。蛋白质都有两个以上的肽键（—CO—NH—），因此能够发生双缩脲反应。双缩脲反应生成的紫红色络合物，其颜色深浅与蛋白质的含量成正比，故可用来测定蛋白质含量，该方法常用于 0.5～10mg/mL 蛋白质溶液的测定。

蛋白质含量测定——双缩脲法

由于双缩脲反应主要涉及肽键，故受蛋白质特异性影响较小。本方法适用于精度要求不太高的蛋白质含量测定，如谷物蛋白质含量的测定等。

【实验目的】

（1）掌握双缩脲法测定蛋白质含量的原理和方法。

（2）巩固分光光度计的正确使用方法。

【实验器材】

器材：分光光度计、分析天平、恒温水浴锅、康氏振荡机。

材料：饲料。

试剂：

（1）标准酪蛋白溶液（5mg/mL）：酪蛋白需事先用微量凯氏定氮法测定蛋白质含氮量，根据其纯度称量配制成标准溶液。须用 0.05mol/L 氢氧化钠溶液配制标准溶液，也可用 5mg/mL 牛血清蛋白溶液作为标准蛋白质溶液。

（2）双缩脲试剂：称量 6.0g 酒石酸钾钠（$NaKC_4H_4O_6 \cdot 4H_2O$）和 1.5g 硫酸铜（$CuSO_4 \cdot 5H_2O$），用 500mL 水溶解，一边搅拌一边加入 300mL 10%氢氧化钠溶液，然后用水定容至 1L，储存于塑料瓶中或内壁涂有石蜡的瓶中（可长期保存，若出现黑色沉淀，则需重新配制）。

【实验步骤】

（1）标准曲线的制作：①取 6 支试管，分别编号为 1～6，然后按表 2.3.7 所示加入试剂；②振荡 15min 后，室温静置 30min；③读取 OD_{540} 吸光度值；④以蛋白质含量（mg）为横坐标，吸光度值为纵坐标绘制标准曲线。

（2）样品测定：①将磨碎后 100 目过筛的饲料样品在 80℃下烘至恒重，取出置于干燥器中冷却，备用；②称量饲料样品两份，每份 100mg，放入锥形瓶；③先加入 0.05mol/L 氢氧化钠溶液 5.0mL 湿润，再加 20mL 双缩脲试剂，振荡 15min，在室温下静置 30min；④取部分溶液过滤或离心（4 000g，10min）；⑤测定并记录滤液（或上清液）OD_{540} 吸光度值。

表 2.3.7　酪蛋白标准曲线制作

试剂	管号					
	1	2	3	4	5	6
5mg/mL 标准酪蛋白溶液/mL	0	0.2	0.4	0.6	0.8	1.0
纯水/mL	1.0	0.8	0.6	0.4	0.2	0
双缩脲试剂/mL	4.0	4.0	4.0	4.0	4.0	4.0
蛋白质含量/mg	0	1.0	2.0	3.0	4.0	5.0

【结果计算】

以样品测定的吸光度值在标准曲线上查出对应的蛋白质含量 *A*（mg），代入下式：

蛋白质含量（%）= *A*（mg）×25 / [样品质量（mg）×5] ×100

【思考题】

（1）双缩脲法测定蛋白质含量的原理是什么？

（2）为什么要用凯氏定氮法测定标准蛋白质的纯度？

实验 13　细胞色素 c 的制备

细胞色素 c 的制备（PPT）

生命活动所需要的能量是通过糖类、脂肪和蛋白质等能量物质在细胞内发生氧化而产生的，此过程即生物氧化。因其在宏观上表现为呼吸作用，故又称其为细胞氧化或细胞呼吸。

研究表明，分布在线粒体内膜上的递氢体和电子传递体组成了 4 种复合体，复合体之间通过辅酶 Q 和细胞色素 c 相连，形成了两条既有联系又相对独立的呼吸链。

复合体 I 为 NADH-Q 还原（NADH - Q reductase），也称为 NADH 脱氢酶；复合体 II 为珀酸-Q 还原酶（succinate - Q reductase），也称为珀酸脱氢酶；复合体III为 Q-细胞色素 c 还原酶（Q-cytochrome c reductase），也称为细胞色素还原酶；复合体IV为细胞色素 c 氧化酶（cytochrome c oxidase），又称为细胞色素氧化酶，即细胞色素 aa_3。

【实验原理】

吸附法是最早用于粗分离蛋白质的方法，某些无机硅铝复合大分子具有选择性吸附某些蛋白质分子的特点。利用该特点，可将目的蛋白质从蛋白质混合物中粗提出来。目前广泛应用的吸附剂有沸石($Na_2 \cdot Al_2O_3 \cdot xSiO_2 \cdot yH_2O$)、羟基磷灰石［$Ca_{10}(PO_4)_6(OH)_2$］、氢氧化铝等。本实验使用沸石。

【实验目的】

（1）掌握吸附分离法粗提蛋白质的原理。

（2）掌握细胞色素 c 的粗提方法。

（3）掌握动物组织的研磨、匀浆实验技术。

（4）了解粗提细胞色素 c 相关溶液的制备方法。

【实验器材】

器材：离心机、移液枪、研钵、匀浆器、手术刀、2mL 离心管。

材料：动物心脏（猪心，新鲜或冷冻均可）、人造沸石（60～80 目）。

试剂：

（1）1mol/L 氢氧化铵溶液：将市售氨水（25%～28%）稀释 13 倍即可。

（2）0.145mol/L 三氯乙酸溶液：称量 0.948g 三氯乙酸（$C_2HCl_3O_2$，MW163.39），先溶于 30mL 水中，然后定容至 40mL。

（3）20%三氯乙酸溶液：称 2g 三氯乙酸溶于少量水并定容至 10mL。

（4）25%硫酸铵溶液：称 2.5g 硫酸铵溶于少量水并定容至 10mL。

（5）0.2%氯化钠溶液：称 20mg 氯化钠溶于少量水并定容至 10mL。

【实验步骤】

（1）猪心研磨：称量 1g 猪心（冷冻猪心需削成薄片）放入研钵中，加入 1mL 0.145mol/L 三氯乙酸溶液充分研磨后移入 2mL 玻璃匀浆器，手动匀浆，再移入 2mL 离心管中，室温摇动 1h。

细胞色素 c 的制备（1）

（2）上清液准备：离心（室温，2min，13 200r/m），取上清液。

（3）第一次 pH 调整：用 pH 试纸测定上清液 pH，用 1mol/L 氢氧化铵将溶液 pH 调至 6.0（注意溶液的颜色变化）。

（4）第二次 pH 调整：离心后取上清液，然后继续用氢氧化铵将溶液 pH 调至 7.2。

（5）沸石吸附：按 30mg/mL 加入沸石，每 2min 观察沸石和溶液的颜色变化。

（6）沸石洗涤：①待沸石变成粉红色，离心 0.5min，去上清液，留沸石；②用 1mL 水和 1mL 0.2%氯化钠各洗涤一次，最后再用 1mL 水洗涤 1 次。

细胞色素 c 的制备（2）

（7）沸石洗脱（盐溶）：在沸石中加入 25%硫酸铵溶液 200μL 进行洗脱，待溶液变粉红色，沸石颜色变浅时终止洗脱。

（8）去除杂蛋白质（盐析）：在洗脱液中加入固体硫酸铵 50mg 使其溶解，然后在摇床上摇动 10min 并离心。

（9）沉淀细胞色素 c：取上清液 200μL，加入 20%三氯乙酸溶液 4.4μL，离心后的褐色沉淀即粗提细胞色素 c。

【思考题】

（1）为什么选用猪心作为粗提细胞色素 c 的材料？

（2）使用 pH 试纸的过程中可能会遇到哪些问题？如何解决？

（3）研磨猪心用的三氯乙酸浓度过高会出现什么现象？此时实验是否能成功？为什么？

实验 14　牛奶酪蛋白的制备

牛奶酪蛋白的制备
（PPT）

酪蛋白（casein）是牛、羊和人等哺乳动物乳汁中的主要蛋白质，与乳清蛋白以大约 80∶20 的比例存在于牛奶中。依据牛的品种不同，牛酪蛋白基因能够产生大量的多态性，产生至少 39 种牛酪蛋白，主要有 αs 1-酪蛋白、αs 2-酪蛋白、β-酪蛋白、κ-酪蛋白四大类。其中，β-酪蛋白占牛酪蛋白总量的 33%～45%，其又分为 A1 β-酪蛋白和 A2 β-酪蛋白（区别在于多肽链中第 67 位氨基酸不同）。牛酪蛋白具有消化率高、氨基酸组成理想、能提供钙和磷、水解产物具有免疫和神经调节作用等优点。因此，检测牛奶中酪蛋白的含量对于评价牛奶质量具有重要意义。

【实验原理】

牛酪蛋白与其他蛋白质一样，是两性电解质。将牛奶的 pH 调到酪蛋白等电点（pH 4.6）时，酪蛋白即可从牛奶中沉淀出来。同时，由于酪蛋白粗制品中含有脂类杂质，可以利用酪蛋白不溶于乙醇的特性进一步除去脂类杂质。酪蛋白不是单一的蛋白质，而是一类富含磷和钙的结合蛋白质，在牛奶中的含量约为 35g/L，比较稳定，利用这特点，可以检测牛奶是否掺假。

【实验目的】

（1）掌握蛋白质等电点在实际生产工作中的应用以及酪蛋白的提取方法。

（2）掌握一种检测牛奶质量的方法。

【实验器材】

器材：布氏漏斗、精密 pH 试纸、抽滤瓶、水浴锅、量筒、250mL 烧杯、洗瓶、纱布。

材料：市售盒装牛奶。

试剂：

（1）95%乙醇溶液：市售分析纯试剂。

（2）乙醚溶液：市售分析纯试剂。

（3）乙醇-乙醚混合液：在通风橱中，用量筒按照体积比 1∶1 量取乙醇与乙醚各 20mL，混合均匀，4℃避光保存，备用。

（4）乙酸钠缓冲液（pH 4.7）：称取 48.18g 乙酸钠（CH_3COONa，MW136.1），然后在通风橱中称量分析纯无水乙酸 14.76g，溶解并混合均匀，用纯水定容至 3 000mL。

【实验步骤】

（1）酪蛋白等电点沉淀：①将 100mL 乙酸钠缓冲液（pH 4.7）在 40℃恒温水浴锅中预热；②将 50mL 牛奶倒入烧杯中，40℃恒温水浴孵育；③加入 40℃预热的乙酸钠缓冲液搅拌，并用精密 pH 试纸检测 pH，直到 pH 4.6 左右（约需缓冲液 50mL）；④将样品冷却至室温，然后静置 5min（注意：不能搅拌）；⑤用纱布过滤，收集沉淀。

（2）除脂类杂质：①将收集到的沉淀用少量水洗数次，然后悬浮于 15mL 95%乙醇溶液中；②将此悬浮液倾入布氏漏斗中，抽滤以除去乙醇溶液；③用 5～7mL 乙醇-乙醚混合液洗涤沉淀 2 次；④最后再用 5mL 乙醚溶液洗涤沉淀 2 次，抽干；⑤将沉淀从布氏漏斗中移出并在表面皿上摊开，以除去乙醚，干燥 20min 后，即得酪蛋白纯品。

（3）计算酪蛋白获得率：准确称量上述干燥处理的牛奶酪蛋白，计算出每 100mL 牛奶所提取出的酪蛋白质量（g/100mL），并与理论值（3.5g/100mL）比较，求出实际获得率。计算公式如下：

酪蛋白获得率%=（实际获得酪蛋白质量/理论酪蛋白质量）×100%

【思考题】

1）蛋白质处于等电点与非等电点时其理化性质有什么不同？

2）检测市售盒装牛奶中酪蛋白含量与获得率时应注意哪些细节？

3）依据蛋白质的理化特性，设计其他检测牛奶酪蛋白含量的方法。

实验 15　SDS-PAGE

SDS-PAGE（PPT）

【实验原理】

参见第 1 篇基础知识 2 2.1 节中电泳相关内容。

【实验目的】

（1）掌握 SDS-PAGE 的原理。

（2）掌握 SDS-PAGE 胶的制备方法。

（3）掌握 PAGE 胶的染色和脱色方法。

（4）掌握相关溶液的配制方法。

（5）掌握电泳仪的使用方法和使用注意事项。

SDS-PAGE

【实验器材】

器材：迷你胶制备装置、移液枪、金属浴、电泳仪、微波炉、1.5mL 离心管等。

材料：10mg/mL BSA（牛血清白蛋白）、5×蛋白质上样缓冲液。

试剂：

（1）1.5mol/L Tris-HCl（pH 8.8）溶液：称 181.71g 的 Tris（三羟甲基氨基甲烷，MW121.14）溶于 800mL 纯水中，然后使用盐酸将 pH 调整至 8.8，最后用纯水定容至 1 000mL，室温保存，备用。

（2）1.0mol/L Tris-HCl（pH 6.8）溶液：称 60.58g 的 Tris 溶于 400mL 纯水中，然后使用盐酸将 pH 调整至 6.8，最后用纯水定容至 500mL，室温保存，备用。

（3）30%丙烯酰胺（29∶1）溶液：称 29g 丙烯酰胺和 1g 双叉丙烯酰胺溶于 80mL 纯水中，最后定容至 100mL，4℃避光保存，备用。

（4）10% SDS 溶液：称 1g SDS 放入盛有 8mL 纯水的离心管中，缓慢颠倒使其溶解，最后补水至 10mL，缓慢混合均匀，室温保存，备用。

（5）10%过硫酸铵（APS）溶液：称 50mg 冰柜保存的 APS，倒入盛有 0.5mL 纯水的 1.5mL 离心管中，颠倒混合均匀使其彻底溶解，−20℃保存，备用（4℃可保存 5～7 天，−20℃可保存 1～2 个月，建议现用现配）。

（6）TEMED（四甲基乙二胺）：购买后 4℃保存，备用。

（7）标准蛋白：购买后−20℃保存，备用。

（8）5×电泳液：称量 15g Tris 和 72g 甘氨酸（glycine）溶于 800mL 纯水中，然后定容至 1 000mL，最后加入 5g SDS，使其彻底溶解。使用前用纯水稀释 5 倍。

（9）1%琼脂糖溶液：称 1g 琼脂糖粉放入 100mL 纯水中，微波炉加热溶解，室温保存，备用。

（10）考马斯亮蓝染液：称取 0.5g 考马斯亮蓝 R250（Coomassie brilliant blue），加入 125mL 异丙醇和 50mL 冰醋酸，再用纯水定容至 500mL，充分溶解后室温保存，备用。

【实验步骤】

SDS 封底操作

（1）玻璃板封底操作：①按照厂家说明组装好玻璃板，并将其与微波炉融化好的 1%琼脂糖溶液、1mL 量程的移液枪和配套枪头一起放入 50～60℃恒温箱中预热 5min；②所有物品从恒温箱中取出，一只手水平持组装好的玻璃板，另一只手用移液枪量取 400～500μL 1%琼脂糖溶液，从玻璃板的底部注入；③快速竖起玻璃板，缓慢地左右摇动，使琼脂糖溶液均匀分布到整个玻璃板底部；④将玻璃板置于两个等高的物体上（玻璃板底部不可接触任何物体，呈悬空状态），2～3min 后，琼脂糖溶液凝固；⑤将封好底的玻璃板固定到制胶架上。

SDS-PAGE 胶的制备

（2）分离胶（12%）的制备：①按照表 2.3.8 中分离胶的配制方法依次添加试剂，添加完最后 2 种试剂后迅速混合均匀并快速倒入封好底的玻璃板中（溶液高度距离玻璃板上端 1.5～2.0cm，若胶液中有气泡，手指轻轻敲打玻璃板，使气泡向上移动，使其溢出胶面）；②在分离胶溶液上方使用洗瓶快速用纯水注满整个玻璃板（以防 O_2 阻止丙烯酰胺的聚合），静置 10～20min；③确认水与分离胶之间出现清晰的界限（分离胶聚合成功）后，倒掉分离胶上方的水，用洗瓶洗涤 2～3 次，并使用吸水纸将分离胶上方的液体尽量吸干（减少分离胶成分的残留）。

表 2.3.8　SDS-PAGE 分离胶和浓缩胶的制备

试剂	胶的类型	
	分离胶（12%，5mL）	浓缩胶（2mL）
H_2O/mL	1.66	1.38
1.5mol/L Tris-HCl/mL	1.25	0
0.5mol/L Tris-HCl/μL	0	250
30%（29∶1）丙烯酰胺/mL	2	330
10% SDS/μL	50	20
10% APS/μL	50	20
TEMED/μL	4	4

（3）浓缩胶的制备：①按照表 2.3.8 中浓缩胶的配方依次添加试剂，添加完最后 2 种试剂后迅速混合均匀并快速填满分离胶上方的空间；②插入梳子（不要有气泡）；③静置 5～10min，确认浓缩胶聚合后拔出梳子；④用洗瓶充分洗涤上样孔，减少浓缩胶成分的残留（此步骤不可省略，因残留的浓缩胶溶液可继续聚合形成薄膜，影响后续的样品加入）。

（4）胶板组装：①按照厂家说明组装胶板，并放入电泳槽中；②在电泳槽的内槽和外槽加入适量的电泳液（如果内槽电泳液发生泄漏，建议用电泳液将外槽加到最高位置）。

（5）样品制备：①按照表 2.3.9，取 7 支 1.5mL 离心管并编号 0～6，对 10mg/mL BSA 进行连续 6 次的二倍比稀释；②除 0 号管外，均加入 20μL 纯水；③0 号管加 10mg/mL BSA 溶液 40μL，取其中 20μL 打入 1 号管，混合均匀，再从 1 号管中取其中 20μL 打入 2 号管，以此类推，一直到 6 号管；④从 6 号管中吸走 20μL，使所有管中溶液的体积均为 20μL，1～6 号管的 BSA 浓度分别是上一管的 1/2；⑤每管加入 5×上样缓冲液 5μL，混合均匀，短暂离心；⑥在 100℃金属浴处理 3min，然后转移至冰上，等待上样。

表 2.3.9　电泳样品的制备

试剂	样品编号						
	0	1	2	3	4	5	6
纯水/μL）	0	20	20	20	20	20	20
上一管溶液/μL	10mg/mL BSA 40 μL	20	20	20	20	20	20
BSA 浓度/（mg/mL）	10	5	2.5	1.25	0.625	0.313	0.156
溶液体积/μL	20	20	20	20	20	20	20

（6）上样：①上样顺序：标准蛋白，6、5、4、3、2、1 和 0 号样品；②上样量：标准蛋白 5μL，其余样品各 10μL；③在两侧多余的上样孔中，建议加入 1×上样缓冲液 10μL。

SDS-PAGE 上样和电泳

（7）电泳：①本次实验实施恒流电泳；②样品在浓缩胶时，每张胶供电 10mA；③进入分离胶后，电流调整至 20mA；④在前沿染料溴酚蓝接近胶底部时终止电泳（可根据实际需要调整电泳终止时间）。

（8）卸胶：①一只手水平持着玻璃板，另一只手拿着小铲子，将其扁平端插入两片玻璃板的缝隙之间；②左右轻轻撬动，使两片玻璃板分离（尽量使胶留在短而薄的玻璃板上）；③此时，可清晰看到浓缩胶与分离胶之间的界限，用小铲子将浓缩胶部分切除；④将玻璃板倒扣过来，再用铲子前端将胶轻轻剥离玻璃片，使其掉入下方盛有自来水的容器内。

（9）染色：①用自来水冲洗残留在胶上的电泳液；②加入考马斯亮蓝染色液（使用量至少没过胶）；③微波炉加热至沸腾；④在摇床上室温摇动 3～5min。

SDS-PAGE 染色、脱色

（10）脱色：①将染色液回收到试剂瓶；②用自来水尽量冲掉附着在胶上的染色液；③加入自来水，并用微波炉加热至沸腾；④在摇床上室温摇动 3～5min；⑤根据实际需要，可多次重复③和④的操作，直至胶背景颜色的脱色程度达到理想的状态。

（11）拍照：①把胶移到洁净的玻璃板上，然后转移到白色 A4 纸上；②使用手机从胶的正上方拍照（尽可能拍高分辨率照片）。若条带不清晰，可重复染色和脱色操作。

（12）图片制作：①选择合适的图片编辑软件；②摆正胶的位置，去除多余部分；③进行图片标注；④制作完成后，保存图片。

【思考题】

（1）本实验中的 pH 6.8 和 pH 8.8 的 Tris-HCl 应如何区分使用？

（2）什么是倍比稀释？举例说明 7 倍比稀释。

（3）浓缩胶和分离胶在电流设定方面有何不同？电泳应在何时终止？

（4）添加 APS 和 TEMED 后，在操作上需要注意什么？

（5）使用微波炉加热的方式进行胶的染色和脱色，操作过程应注意什么？

（6）SDS-PAGE 上样缓冲液起到哪些作用？为什么？

（7）本实验使用的蛋白质样品是什么？前面哪些实验使用过？其英文全称和缩写是什么？

（8）图片制作时，你习惯使用什么软件？简单分享操作方法。

实验 16　乙酸纤维素薄膜电泳分离血清蛋白

【实验原理】

乙酸纤维素薄膜电泳（PPT）

乙酸纤维素薄膜电泳的原理参见常用实验技术——电泳。

蛋白质是两性电解质，在 pH 小于等电点的溶液中，蛋白质带正电，在电场中向负极移动；在 pH 大于等电点的溶液中，蛋白质带负电，在电场中向正极移动。

本实验以乙酸纤维素薄膜作为电泳支持物，对血清中各种蛋白质进行分离分析。血清中含有数种蛋白质，如清蛋白、α1-球蛋白、α2-球蛋白、β-球蛋白、γ-球蛋白等。它们具有不同的等电点，因此在同一 pH 溶液中，所带净电荷不同，在电场中移动速度也不同，故可利用电泳法将其进行分离。

【实验目的】

（1）掌握电泳的原理。

（2）巩固乙酸纤维素薄膜电泳操作技术。

（3）掌握相关试剂的制备方法。

（4）了解血清中各种蛋白质的相对含量及其测定和计算方法。

【实验器材】

器材：电泳仪、水平板电泳槽、剪刀、镊子、尺子、铅笔、载玻片与盖玻片、滤纸、试管及试管架等。

材料：市售乙酸纤维素薄膜成品（8cm×2cm，厚 120μm）、无溶血的新鲜家兔血清。

试剂：

（1）巴比妥-巴比妥钠缓冲液（pH 8.6，0.07mol/L，离子强度 0.06）：称量巴比妥 1.6g 和巴比妥钠 12.77g，溶于少量纯水后定容至 1 000mL。

（2）染色液：称量 0.5g 氨基黑 10B，加入纯水 40mL、甲醇 50mL、冰醋酸 10mL，混合均匀，放于试剂瓶保存。

（3）漂洗液：量取 95%乙醇 45mL、冰醋酸 5mL、纯水 50mL，混合均匀，放于试剂瓶中保存。

（4）透明液：分为甲液和乙液。①甲液：由冰醋酸 15mL 和无水乙醇 85mL 混合而成。②乙液：由冰醋酸 25mL 和无水乙醇 75mL 混合而成。两者均在试剂瓶中保存，建议使用前制备。

【实验步骤】

（1）点样：将提前浸入巴比妥-巴比妥钠缓冲液中的乙酸纤维素薄膜用镊子轻轻取出，置于滤纸上，吸去两面多余的缓冲液，使薄膜无光泽面向上。滴 1～2 滴血清于干净载玻片上，用点样器一端截面蘸取血清，距薄膜一端 1.5cm 处接触点样。样品即呈一条带状涂于纤维素薄膜上。注意点样线需均匀、平直。将薄膜无光泽面向下贴于电泳槽上浸透了缓冲液的滤纸桥上。注意点样端为负极，点样线不能与滤纸接触。

（2）电泳：电泳前平衡 10min 左右以保证薄膜浸满缓冲液，打开电泳仪，恒压 100V，电泳时间 60～80min。

（3）染色：电泳结束后，立即用干净的镊子取出薄膜，浸入染色液中，确保薄膜间彼此分开，不发生重叠，染色 5min。然后用漂洗液浸洗，每隔 5min 左右更换一次漂洗液，重复漂洗 3 次，至背景蓝黑色完全脱去，可见条带。用镊子取出薄膜，置于滤纸上，吸去多余的溶液。使用电吹风将薄膜吹干。

（4）结果判断：一般在染色的薄膜上可显现清楚的五条蛋白质条带，从正极起依次为清蛋白、α1-球蛋白、α2-球蛋白、β-球蛋白和 γ-球蛋白。

（5）透明：将吹干的薄膜在透明液甲中孵育 2min，立即取出并在透明液乙中孵育 1min。注意孵育时间不可过长。迅速取出薄膜后紧贴于干净玻璃处，避免产生气泡，2～3min 后薄膜完全透明。放置 15min 后，用吹风机吹干。在水龙头下将玻璃板上透明薄膜润湿后，用单面刀片从膜的一角撬起，轻轻撕下薄膜。

【思考题】

（1）请按照分子量大小列出血清中的蛋白质，哪一种含量最多？

（2）等电点的概念是什么？请分析为什么家兔血清中的多种蛋白质可以在 pH 8.6 的巴比妥-巴比妥纳缓冲液中得以电泳分离。

（3）电泳开始前平衡的目的是什么？如果没有进行平衡会对实验结果造成哪些影响？

（4）与 SDS-PAGE 相比较，请列举乙酸纤维素薄膜电泳的优点与不足。

（5）如果电泳时间过短，会对实验结果产生什么影响？如果电泳时间过长，又会产生什么影响？请画出可能产生结果的条带示意图。

实验 17　凝胶过滤层析法分离血红蛋白与溴酚蓝

【实验原理】

参见第 1 篇基础知识 2 中 2.3 节的相关内容。

凝胶过滤层析法分离血红蛋白和溴酚蓝（PPT）

凝胶过滤层析法

【实验目的】

（1）掌握凝胶过滤层析法的原理和操作方法。

（2）掌握血红蛋白和溴酚蓝的制备方法。

（3）了解凝胶的膨胀方法以及使用后洗涤及保存方法。

【实验器材】

器材：水浴锅、滴定架、层析柱、移液枪、巴氏管、2mL离心管。

材料：抗凝全血、凝胶（sephadex G-75）、溴酚蓝。

试剂：

（1）0.9%氯化钠溶液：即生理盐水，称量0.9g氯化钠溶于100mL水即可。

（2）平衡液/洗脱液：即0.2mol/L氯化钠溶液，称量11.7g氯化钠溶于1 000mL水即可。

【实验步骤】

（1）沸水浴凝胶溶胀法：①将干胶颗粒悬浮于5～10倍体积的纯水中；②在沸水浴中升温至沸腾，约3h达到充分溶胀；③水洗几次，每次将沉降缓慢的细小颗粒随水倾倒出去。

（2）血红蛋白溶液的制备：①在2mL离心管中加入1mL新鲜的抗凝全血，离心（室温，13 200g，2min），弃上清液，留沉淀；②加入1.5mL生理盐水悬浮红细胞，离心，弃上清液，留沉淀；③重复一次步骤②；④加入1mL纯水悬浮红细胞，静置2min，离心，取上清液，即得血红蛋白溶液。

血红蛋白和溴酚蓝溶液的制备

（3）饱和溴酚蓝溶液的制备：①取10mg溴酚蓝粉末加入2mL离心管中，加入1mL纯水使其充分溶解；②取上清液部分即饱和溴酚蓝水溶液。

（4）样品准备：取200μL血红蛋白溶液和100μL饱和溴酚蓝溶液混合均匀。

（5）装柱：将50%溶胀好的凝胶注入层析柱，有明显凝胶沉淀时打开阀门排水，直至胶表面留有一薄层水时关闭阀门。

（6）平衡：用3倍于胶柱体积的0.2mol/L氯化钠平衡液对凝胶进行平衡（注意：不要破坏胶面），待平衡液在胶柱表面留有一薄层时，关闭阀门。

装柱—上样—洗脱—凝胶洗涤

（7）上样：将样品小心加到凝胶上方，待样品完全渗入凝胶。

（8）洗脱：使用0.2mol/L氯化钠溶液进行洗脱。

（9）样品收集：当血红蛋白和溴酚蓝流出时分别进行收集。

（10）洗涤凝胶：用大量平衡液洗涤，直至凝胶变为纯白色，存放于4℃的环境中，备用。

【思考题】

（1）如何计算干胶的需要量？

（2）为什么要将细小的凝胶小颗粒去掉？

（3）层析柱是否越长越好？为什么？

（4）收集的样品浓度与层析前样品浓度有何不同？

第 4 章　酶和维生素

生命最基本的特征之一是新陈代谢（metabolism），即生物体内发生的所有化学反应的总和。生物体内的化学反应之所以能够有条不紊地进行，是由于酶的催化作用。因此，生命活动离不开酶。许多疾病与酶的异常密切相关，许多药物也是通过对酶的影响起到治疗疾病的作用。维生素是生命活动必需的有机小分子，缺乏维生素将使新陈代谢紊乱，严重时导致疾病甚至危及生命。其主要原因是：大多数维生素参与辅酶或辅基的形成，一种辅酶或辅基的不足，将对与其相关的多种全酶产生影响。本章内容包含多种酶和维生素 C 的纯化与活性鉴定，而纯化过程涉及多种蛋白质的沉淀技术和多种仪器的使用。

实验 18　唾液淀粉酶的活性观察

【实验原理】

唾液淀粉酶存在于唾液中，其底物是淀粉。淀粉在该酶的催化下发生水解，随着反应时间的延长得到各种糊精、麦芽糖及少量葡萄糖。

唾液淀粉酶的活性观察（PPT）

唾液淀粉酶的活性观察

碘液是淀粉的指示剂，淀粉遇碘变蓝色，水解程度不同的淀粉产物与碘反应，其颜色发生一系列变化，依次为蓝色—暗褐色—棕红色—红棕色—黄色等。

【实验目的】

（1）掌握酶的高效性、特异性及其验证方法。

（2）掌握各种因素（如温度、pH、激活剂和抑制剂）对酶活性的影响。

【实验器材】

器材：金属浴 2 台（37℃、100℃）、移液枪、掌式离心机、载玻片、饮水杯、研钵、纯水、1.5mL 离心管。

材料：自采的唾液。

试剂：

（1）0.5%淀粉溶液：称 0.5g 可溶性淀粉放入研钵内，加少量纯水，经研磨调成糊状，再向研钵内徐徐倒入约 90mL 沸水，同时不断搅拌，最后定容至 100mL，保存于 4℃冰箱。使用前取出放至室温，颠倒混合均匀后使用。

（2）0.5%蔗糖溶液：称 50mg 蔗糖溶于 10mL 纯水中，保存于 4℃冰箱，备用。

（3）稀碘溶液：称 1.2g 碘（I_2）和 2g 碘化钾（KI）溶于少量纯水中，然后定容至 200mL，保存于棕色试剂瓶中。使用前稀释 5 倍。

（4）不同 pH 的缓冲液：先制备 A 液和 B 液，再按一定比例将两者混合，制备所需缓冲液。

A 液：0.2mol/L 磷酸氢二钠，称量 17.79g 磷酸氢二钠（$Na_2HPO_4 \cdot 2H_2O$，MW 178.0）溶于纯水中，并定容至 500mL。

B 液：即 0.1mol/L 柠檬酸，称量 3.82g 无水柠檬酸（$C_6H_8O_7$，MW192.1）溶于纯水中，并定容至 200mL。

pH 5.0 缓冲液：取 A 液 10.30mL 和 B 液 9.70mL 混合均匀。

pH 6.8 缓冲液：取 A 液 386.25mL 和 B 液 113.75mL 混合均匀。

pH 8.0 缓冲液：取 A 液 19.45mL 和 B 液 0.55mL 混合均匀。

（5）班氏试剂：制备方法同实验 3——糖原的提取与鉴定。

（6）1%氯化钠：称 400mg 氯化钠溶于 40mL 纯水。

（7）1%硫酸铜：称硫酸铜 400mg 溶于 40mL 纯水。

【实验步骤】

（1）唾液的收集：①准备一个一次性饮水杯，加入纯水，漱口以清除口腔内食物残留；②口中含约 20mL 纯水，做咀嚼动作约 2min；③先将杯中剩余的水倒掉，再将口中所含水吐回水杯中，静置几分钟，取上层的溶液进行下一步操作。

唾液的收集和稀释

（2）唾液的稀释：①取 7 支 1.5mL 的离心管，依次标记为 0～6 号；②在 1～6 号管中分别加入纯水 200μL，在 0 号管中加入 400μL 所收集的唾液（不要吸入食物残留）；③从 0 号管取 200μL 加入 1 号管，混合均匀；④从 1 号管取 200μL 加入 2 号管，混合均匀，以此类推，一直加到 6 号管，即得连续 6 次 2 倍比稀释的唾液样品。

（3）唾液最适稀释浓度的选择：①取 7 支 1.5mL 离心管，依次标记为 0～6 号；②按表 2.4.1 所示添加试剂，混合均匀，然后在 37℃环境下孵育 5min；③取一张载玻片，沿载玻片长轴等距离滴上 7 滴 5μL 的碘溶液，再分别从上述 7 支离心管中吸取 5μL 样品与碘溶液混合，观察记录颜色变化并拍照；④选择呈红棕色的唾液稀释液作为最适稀释浓度。

唾液最适稀释浓度的选择

表 2.4.1　最适唾液稀释液的选择

试剂	2 倍比稀释的唾液						
	2^0	2^{-1}	2^{-2}	2^{-3}	2^{-4}	2^{-5}	2^{-6}
H_2O/μL	30	30	30	30	30	30	30
pH 6.8 溶液/μL	20	20	20	20	20	20	20
0.5%淀粉溶液/μL	100	100	100	100	100	100	100
稀释的唾液/μL	50	50	50	50	50	50	50
5min 后碘溶液检测	—	—	—	—	—	—	—

注："__"处填颜色。

取一支新的 1.5mL 离心管，吸取 1mL 最适稀释倍数的唾液样品，供后续所有实验使用。

（4）pH 对酶促反应的影响：①取 3 支 1.5mL 离心管，分别标记为 pH 5.0、pH 6.8 和 pH 8.0；②按表 2.4.2 所示添加试剂，混合均匀，37℃环境下孵育；③每隔 1min 用碘溶液检测 pH 6.8 的样品颜色变化；④待 pH 6.8 的样品遇碘溶液颜色呈红棕色时，迅速取一新的载玻片，沿其长轴滴上 3 滴 5μL 碘溶液，再分别从上述 3 支管中吸取 5μL 样品与碘溶液混合，观察记录颜色变化，并拍照。

pH 对酶促反应的影响

表 2.4.2　唾液淀粉酶的最适 pH

试剂	不同 pH 缓冲液		
	pH 5.0	pH 6.8	pH 8.0
缓冲液/μL	10	10	10
0.5%淀粉溶液/μL	60	60	60
稀释的唾液/μL	30	30	30
37℃环境下孵育（空白处填颜色变化）			
1min 后碘溶液检测	—		—
2min 后碘溶液检测	—		—
___min 后碘溶液检测		（红棕色）	

注："___"处填时间。

（5）温度对酶促反应的影响：①取 3 支 1.5mL 离心管，分别标记为 0℃、37℃和 100℃；②按表 2.4.3 所示添加试剂混匀，依次放入冰盒、37℃和 100℃金属浴中孵育；③每隔 1min 检测标记为 37℃的样品遇碘溶液后的颜色变化；④待 37℃的样品呈红棕色时，迅速检测并记录 3 个样品遇碘溶液后的颜色变化［方法同步骤（4）］。

温度对酶促反应的影响

表 2.4.3 唾液淀粉酶的最适温度

试剂	不同处理温度		
	0℃	37℃	100℃
缓冲液（pH 6.8）/μL	10	10	10
0.5%淀粉溶液/μL	60	60	60
稀释的唾液/μL	30	30	30
37℃环境下孵育（空白处填颜色变化）			
1min 后碘溶液检测	—		—
2min 后碘溶液检测	—		—
___min 后碘溶液检测		（红棕色）	

注："___"处填时间。

（6）激活剂和抑制剂对酶促反应的影响：①取 3 支 1.5mL 离心管，分别标记为 H_2O、1%NaCl 和 1%$CuSO_4$；②按表 2.4.4 所示添加试剂混匀，37℃环境下保温；③每隔 1min 使用碘溶液检测加入 NaCl 的样品的颜色变化；④待 NaCl 的样品颜色呈红棕色时，迅速检测并记录 3 个样品遇碘溶液后的颜色变化［方法同步骤（4）］。

激活剂和抑制剂对酶促反应的影响

表 2.4.4 激活剂和抑制剂对唾液淀粉酶的影响

试剂	不同化学试剂		
	H_2O	1% NaCl	1% $CuSO_4$
缓冲液/μL	20	20	20
淀粉溶液/μL	100	100	100
稀释的唾液/μL	40	40	40
37℃环境下保温（空白处填颜色变化）			
1min 后碘溶液检测	—		—
2min 后碘溶液检测	—		—
___min 后碘溶液检测		（红棕色）	

注："___"处填时间。

（7）酶促反应的特异性分析：①取 2 支 1.5mL 离心管，分别标记为淀粉和蔗糖；②按表 2.4.5 所示添加试剂混匀，37℃环境下孵育 10min；③加入班氏试剂，颠倒混匀，100℃环境下孵育 10min，观察记录发生的现象，并拍照。

酶特异性分析

表 2.4.5　唾液淀粉酶的特异性

试剂	底物	
	淀粉	蔗糖
淀粉溶液/μL	100	—
蔗糖溶液/μL	—	100
唾液/μL	50	50
37℃环境下孵育 10min		
班氏试剂/μL	100	100
100℃环境下孵育 10min		
观察结果		

【思考题】

（1）使用淀粉溶液时应注意什么？
（2）使用班氏试剂区分淀粉和蔗糖的原理是什么？
（3）验证唾液淀粉酶最适温度的实验时应注意哪些细节？
（4）验证唾液淀粉酶特异性的实验结果，在小组间差异很大，如何解释这种现象？

实验 19　纸层析法鉴定酶促转氨基作用

【实验原理】

纸层析法鉴定酶促转氨基作用（PPT）　纸层析法鉴定酶促转氨基作用

氨基酸分子上的氨基在转氨基酶的催化下可以转移到一个 α-酮酸的分子上，生成相应的氨基酸和 α-酮酸，这是氨基酸分解代谢和某些非必需氨基酸合成的重要途径。丙氨酸氨基转移酶（alanine aminotransferase，ALT）又称谷丙转氨酶（glutamic-pyruvic transaminase，GPT），存在于各种组织细胞中，在肝中含量最多。药物中毒、食物中毒及各种炎症导致肝细胞受损或凋亡时，肝细胞中的酶大量释放进入血液，引起血清 ALT 的活性显著增高。因此，血清 ALT 是肝脏疾病的重要临床指标。ALT 能催化丙氨酸和 α-酮戊二酸之间的氨基转移，即丙氨酸的氨基转移到 α-酮戊二酸的酮基上，生成丙酮酸和谷氨酸。反应式如下：

$$丙氨酸 + \alpha\text{-}酮戊二酸 \xrightleftharpoons{ALT} 丙酮酸 + 谷氨酸$$

如果 ALT 有活性，则其催化完成的上述反应产物中应含有丙氨酸和谷氨酸。本实验以水饱和苯酚为层析液，通过纸层析法鉴定转氨基反应是否成功。该方法以滤纸为支持物，水与滤纸纤维的亲和力强，在滤纸上的移动速度慢，故作为固定相，而有机溶剂——苯酚与滤纸纤维的亲和力较弱，移动速度快，作为流动相。由于丙氨酸和谷氨酸的极性不同，两者在水饱和苯酚中的分配系数不同，因此可将两种不同的氨基酸分离开。

当向氨基酸中加入水合茚三酮溶液时，可生成蓝紫色化合物，并释放氨气和二氧化碳。该反应物在 570nm 处有最大吸收峰，可作为氨基酸的定性或定量分析方法（脯氨酸与茚三酮反应生成黄色物质，在 440nm 处有最大吸收峰）。本实验通过茚三酮法对两种分离的氨基酸进行检测。

【实验目的】

（1）掌握转氨基作用的原理和鉴定方法。

（2）掌握纸层析的原理和操作方法。

（3）掌握茚三酮反应的原理。

（4）掌握研磨、匀浆等实验技术。

【实验器材】

器材：匀浆器、剪刀、离心机、移液枪、离心管、层析管、电炉（或电吹风）、层析纸（2～2.5）cm×15cm。

材料：动物肌肉、肝脏或血清。

试剂：

（1）0.01mol/L 磷酸盐缓冲液（pH 7.4）：分别制备 A 液和 B 液。取 8.1mL A 液与 1.9mL B 液混合，加水至 200mL，混匀后即可使用。

A 液：0.2mol/L 的 Na_2HPO_4 溶液，称量 3.582g $Na_2HPO_4 \cdot 12H_2O$（MW 358.22）溶于纯水中，并定容至 50mL。

B 液：0.2mol/L 的 NaH_2PO_4 溶液，称量 1.560g $NaH_2PO_4 \cdot 2H_2O$（MW156.03）溶于纯水中，并定容至 50mL。

（2）1%丙酮酸溶液：先称 1g 丙酮酸溶于约 50mL 0.01mol/L 磷酸盐缓冲液中，然后用氢氧化钠将 pH 调整至 7.4，最后用缓冲液定容至 100mL，置于 4℃环境下保存备用。

（3）1%谷氨酸溶液：先称 1g 谷氨酸溶于约 50mL 0.01mol/L 磷酸盐缓冲液中，然后用氢氧化钠将 pH 调整至 7.4，最后用缓冲液定容至 100mL，置于 4℃环境下保存备用。

（4）0.1%茚三酮溶液：称取 0.1g 茚三酮，溶于 100mL 无水乙醇即可。

（5）层析液：取 80mL 苯酚和 20mL 纯水（苯酚∶水=4∶1）混合后即可使用（建议现用现配）。

【实验步骤】

（1）肝匀浆液的制备：称新鲜猪肝脏 0.3g 放入匀浆器中，加入 1.8mL 0.01mol/L 磷酸盐缓冲液匀浆，然后转移至 2.0mL 离心管中，离心（室温，13 200g，5min），取上清液，即得肝匀浆液。

纸层析法鉴定酶促转氨基作用实验演示

（2）转氨基作用（反应）：①取 2 支 1.5mL 离心管，分别编号 1 和 2，然后按照表 2.4.6 所示添加试剂，混匀；②迅速将 1 号管在 100℃环境下静置 2min；③将变性处理的 1 号管与 2 号管在 37℃环境下同时孵育 30min。

表 2.4.6　酶促转氨基反应

试剂	样品	
	1（对照组）	2（实验组）
1%谷氨酸溶液/μL	50	50
1%丙酮酸溶液/μL	50	50
0.01mol/L 磷酸盐缓冲液/μL	50	50
肝匀浆液/μL	50	50

（3）层析样品：将 1、2 号管同时在 100℃环境下静置 10min，离心（室温，13 200*g*，5min）取上清液，即得纸层析样品。

（4）点样：参照图 2.4.1，在层析纸上的 2 个小圆圈上点样（建议使用量程 10μL 的移液枪），每次 0.5μL，自然晾干或电炉烤干。点样操作重复 4 次，共计点样 5 次。

（5）层析：①在层析管中加入 7mL 层析液（建议使用量程 5mL 的移液枪分 2 次加入，注意不要使层析液溅到管壁）；②按照图 2.4.1 所示将点好样品的层析纸挂到层析管塞子的小钩上，并小心放入层析管中，使层析纸底部接触层析液；③层析时间为 1.5～2.5h。

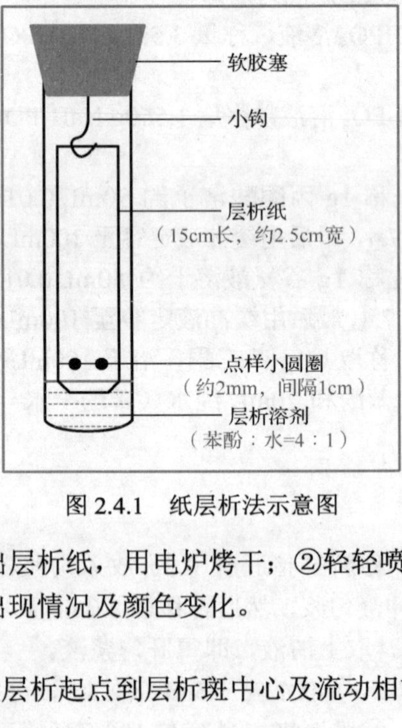

图 2.4.1　纸层析法示意图

（6）显色：①小心取出层析纸，用电炉烤干；②轻轻喷洒 0.1%的茚三酮溶液，再次烤干；③观察层析斑的出现情况及颜色变化。

（7）Rf 计算

参照 2.3 节层析，测量层析起点到层析斑中心及流动相前沿的距离，计算 Rf。

【思考题】

（1）本实验分离了哪两种氨基酸？它们各自属于哪类氨基酸？

（2）本实验使用的层析液是什么？是如何制备的？

（3）本实验是如何进行点样的？应注意哪些细节？为什么？

（4）理论上应出现 3 个层析斑，但实际上往往会出现其他的层析斑，如何解释该现象？

实验 20　转氨酶活性的测定——改良赖氏法

【实验原理】

在丙氨酸氨基转移酶（ALT）的催化下，丙氨酸将氨基转移给 α-酮戊二酸，生成丙酮酸和谷氨酸。在碱性条件下，丙酮酸与 2,4-二硝基苯肼反应生成红色的丙酮 2,4-二硝基苯腙。反应式如下：

$$\text{丙酮酸} + \text{2,4-二硝基苯肼} \xrightarrow{OH^-} \text{丙酮2,4-二硝基苯腙} + H_2O$$

测定反应液在 520nm 处的吸光度值，与标准样品进行对照，即可计算酶的活性。

转氨酶活性的测定——改良赖氏法（PPT）

转氨酶活性的检测方法很多，其中赖氏法是以卡门单位来表示。卡门单位是指在 25℃、pH 7.4、波长 520nm、光径 1cm、1mL 血清、1min 内产生的丙酮酸。在乳酸脱氢酶的催化下，使 $NADH^+$转变为 NAD^+时，吸光度每下降 0.001 为 1 个转氨酶活性单位。卡门单位与国际单位的换算关系为：1 卡门单位=0.4821 IU/L（25℃）。

【实验目的】

（1）掌握丙氨酸氨基转移酶活性测定的原理和方法。

（2）巩固分光光度计的正确使用方法。

【实验器材】

器材：恒温水浴箱、分光光度计、试管、试管架、烧杯等。

材料：家兔血清。

试剂：

（1）0.1mol/L 磷酸盐缓冲液（pH 7.4）：先分别制备 A 液和 B 液，取 825mL A 液与 175mL B 液混匀使用。

A 液：0.1mol/L 的 Na_2HPO_4 溶液，称量 3.582g $Na_2HPO_4 \cdot 12H_2O$（MW 358.22）溶于纯水，并定容至 100mL。

B 液：0.1mol/L 的 NaH_2PO_4 溶液，称量 0.780g $NaH_2PO_4 \cdot 2H_2O$（MW156.03）溶于纯水，并定容至 50mL。

（2）底物溶液：称量 1.79mg 丙氨酸（MW89.09）和 29.2mg α-酮戊二酸（MW146.02），溶于约 50mL 磷酸盐缓冲液，用 NaOH 调整至 pH 7.4，再用缓冲液定容至 100mL，置于 4℃冰箱保存备用。

（3）10mol/L 硫酸溶液：量取 55.5mL 浓硫酸沿着烧杯壁缓慢注入 45.5mL 纯水中，这个过程中应用玻璃棒不断搅拌以散发热量。

（4）2,4-二硝基苯肼储存液：称 396mg 2,4-二硝基苯肼，溶于 100mL 10mol/L 硫酸中，保存于棕色试剂瓶（可长期保存）。

（5）2,4-二硝基苯肼工作液：量取 10mL 2,4-二硝基苯肼储存液，用纯水稀释至 200mL。

（6）2μmol/mL 丙酮酸标准溶液：称量 22mg 丙酮酸钠溶于磷酸盐缓冲液，定容至 100mL（建议使用前制备）。

（7）0.4mol/L NaOH 溶液：称量 640mg NaOH 溶于 40mL 纯水中。

【实验步骤】

（1）酶促反应及光吸收测定：取 7 支试管，按表 2.4.7 所示添加试剂，并记录各管吸光度值。

表 2.4.7　酶促反应

试剂	样品编号						
	对照	1	2	3	4	5	测定管
pH 7.4 磷酸盐缓冲液/μL	0.10	0.10	0.10	0.10	0.10	0.10	0.10
丙氨酸氨基转移酶基质液（底物）/μL	0.50	0.45	0.40	0.35	0.30	0.25	0.40
2μmol/mL 丙酮酸标准溶液/μL	0	0.05	0.10	0.15	0.20	0.25	0.10mL 血清
混合均匀，37℃水浴保温 10min							
2,4-二硝基苯肼溶液/μL	0.50	0.50	0.50	0.50	0.50	0.50	0.50
混合均匀，37℃水浴保温 20min							
0.4mol/L NaOH/μL	5.0	5.0	5.0	5.0	5.0	5.0	5.0
室温放置 10min，以对照管调零，测定波长 520nm 处各管吸光度值							
相当酶活单位（卡门单位）	0	28	57	97	150	200	___
相当酶活单位（国际单位 IU/L）	0	47	95	162	250	333	___
测定吸光度值（OD 520nm）	___	___	___	___	___	___	___

注：将记录结果填入“___”处。

（2）标准曲线的绘制：纵坐标为测定得到的各管吸光度值，横坐标为各管酶活国际单位，利用对照及 1～5 号管数据绘制标准曲线。

（3）血清中 ALT 活性的计算：将测定管光吸收值代入步骤（2）中绘制的标准曲线，计算测定管的血清 ALT 活性。

【思考题】

（1）谷丙转氨酶和谷草转氨酶分别催化什么反应？有何临床意义？

（2）家兔血清是如何分离制备的？

（3）除了在坐标纸上绘制标准曲线，请尝试通过 Excel 制作标准曲线，并得到紫外光吸光度值随酶活变化的公式，代入求得准确的血清 ALT 活性。

实验 21　碱性磷酸酶的粗分离

【实验原理】

有机溶剂能使许多溶于水的生物大分子发生沉淀，其原理是降低水溶液的介电常数。介电常数降低意味着异性电荷间的引力增加，分子间不再相互排斥，使溶质的溶解度降低。同时有机溶剂溶于水，对大分子物质表面的水化膜具有破坏作用，使其脱水而相互聚集析出。

碱性磷酸酶的粗分离（PPT）

沉淀不同溶质需要的有机溶剂的浓度不同，利用不同蛋白质在不同有机溶剂中发生沉淀作用而达到对其分离的方法称为有机溶剂分级沉淀法，是常用的蛋白质分离方法之一。

碱性磷酸酶（alkaline phosphatase，AP）是一类特异性较低的同工酶，遍布动物机体的各个组织（如肝脏、肾脏、胎盘等），在碱性条件下能水解很多磷酸单酯化合物，如使磷酸苯二钠水解释放酚、使核酸分子脱掉 5′-磷酸基团等。该酶溶解于浓度为 33%丙酮和浓度为 30%乙醇，而在浓度为 50%丙酮和浓度为 60%乙醇中则不溶解。根据该性质，使用冷丙酮和冷乙醇反复提取，可分离制备较为纯净的碱性磷酸酶。

【实验目的】

（1）掌握有机溶剂分级沉淀法的原理。

（2）掌握碱性磷酸酶的分离方法。

（3）掌握相关试剂的制备方法。

（4）巩固研磨、匀浆和离心机的正确操作方法。

（5）掌握有机溶剂浓度的计算方法。

【实验器材】

器材：分析天平、离心机、移液枪、匀浆器、手术刀、镊子、1.5mL 和 2.0mL 离心管。

碱性磷酸酶的分离制备

材料：新鲜或冷冻动物肝脏。

试剂：

（1）正丁醇、冷丙酮、95%冷乙醇：市售试剂购买后直接使用即可。

（2）0.5mol/L 乙酸镁溶液：称量 4.29g 乙酸镁［$Mg(CH_3COO)_2 \cdot 4H_2O$，MW214.48］溶于纯水并定容至 40mL。

（3）0.1mol/L 乙酸钠溶液：称量 328mg 乙酸钠（CH_3COONa，MW82.034）溶于纯水并定容至 40mL。

（4）0.1mol/L Tris 溶液：称量 484mg Tris（MW121.14）溶于纯水并定容至 40mL。

碱性磷酸酶的分离制备操作

（5）乙酸镁钠溶液（0.01mol/L 乙酸镁、0.01mol/L 乙酸钠）：量取 0.8mL 0.5mol/L 乙酸镁和 4mL 0.1mol/L 乙酸钠，加水定容至 40mL。

（6）Tris-乙酸缓冲液（pH 8.8）：① 将 0.1mol/L Tris 溶液 4mL、0.5mol/L 乙酸镁溶液 4mL 和纯水 25mL 混匀；②用 1%冰乙酸调 pH 为 8.8，然后用纯水定容至 40mL。

【实验步骤】

（1）匀浆：①取 0.5g 动物肝脏放入匀浆器，加入 1mL 乙酸镁钠溶液匀浆，转移到离心管中；②取 1.0mL 乙酸镁钠溶液冲洗匀浆器，一并倒入 2mL 离心管中，混合均匀。（A 液的制备：取 1.5mL 离心管标记为 A，加入匀浆液 10μL，再加入 40μL Tris-乙酸缓冲液，混合均匀，即得 A 液。）

（2）正丁醇处理及取样：①取 2 支 1.5mL 的离心管，分别加入步骤 1 中的匀浆液 1mL 和正丁醇 333μL，颠倒混匀约 2min，室温静置 20min；②在室温下，16 000*g*，离心 3min（后续离心条件均相同），此时样品分为上层的正丁醇、中间的肝脏组织（呈肉饼状）和下层的清澈溶液；③将上层的正丁醇用移液枪缓慢吸取去掉，然后用移液枪将肉饼状肝脏组织压至一侧，并取下层溶液各 750μL 放入两支新的 1.5mL 离心管中（如所取液体混浊，可再次离心）。

（3）第一次 50%冷丙酮沉淀：向步骤（2）制取的溶液中加入 750μL 冷丙酮，使丙酮浓度达到 50%，混匀离心、弃上清液、留沉淀，用 0.5mol/L 的乙酸镁溶液 610μL 溶解沉淀（B 液的制备方法同 A 液）。

（4）第一次 30%冷乙醇溶解：在 600μL 步骤 3 制取的溶液中，加入 277μL 95%冷乙醇，使乙醇浓度达到 30%，混匀离心，取上清液 700μL。

（5）第一次 60%冷乙醇沉淀：在步骤（4）制取的 700μL 溶液中继续加入 95%冷乙醇 600μL，使乙醇浓度达到 60%，混匀离心、弃上清液、留沉淀，用 0.5mol/L 的乙酸镁溶液 600μL 溶解沉淀。

（6）第二次 30%冷乙醇溶解：重复步骤（4），在步骤（5）制取的 600μL 溶液中，加入 277μL 95%冷乙醇，使乙醇浓度达到 30%，混匀离心，取上清液 700μL。

（7）第二次 60%冷乙醇沉淀：重复步骤（5），在步骤（6）制取的 700μL 溶液中继续加入 95%冷乙醇 600μL，使乙醇浓度达到 60%，混匀离心、弃上清液、留沉淀，用 0.5mol/L 的乙酸镁溶液 610μL 溶解沉淀（C 液的制备方法同 A 液）。

（8）第一次 33%冷丙酮溶解：在步骤（7）制取的 600μL 溶液中加入 300μL 冷丙酮，使丙酮浓度达到 33%，混匀离心，取上清液 700μL。

（9）第二次 50%冷丙酮沉淀：在步骤（8）制取的 700μL 溶液中继续加入冷丙酮 238μL，使丙酮浓度达到 50%，混合均匀离心、弃上清液、留沉淀。

（10）碱性磷酸酶溶液：用 Tris-乙酸缓冲液 50μL 溶解步骤（9）的沉淀，即本实验制备的碱性磷酸酶溶液，将其标记为 D2。

（11）D1 液的准备：取 1.5mL 离心管标记为 D1，加入 D2 溶液 5μL，再加入 45μL Tris-醋酸缓冲液混合均匀。

【思考题】

（1）蛋白质的沉淀和变性是否为相同概念？为什么？
（2）本实验涉及哪些有机溶剂？其浓度为多少？
（3）在 30%的乙醇溶液中加入多少 95%的乙醇才能使溶液的乙醇浓度达到 70%？
（4）有些有机溶剂可以与水以任何比例相溶，有些不能，试举例说明。

实验 22　碱性磷酸酶的活性检测

碱性磷酸酶的活性检测（PPT）

碱性磷酸酶的活性检测

【实验原理】

King 氏法测定碱性磷酸酶活性的依据是在一定 pH 和温度下，待测样品含有的碱性磷酸酶作用于底物磷酸苯二钠，使之水解释放出酚。在碱性溶液中酚与 4-氨基安替比林（4-amino-antipyrine，AAP）作用并经铁氰化钾催化下生成红色醌类化合物（图 2.4.2）。

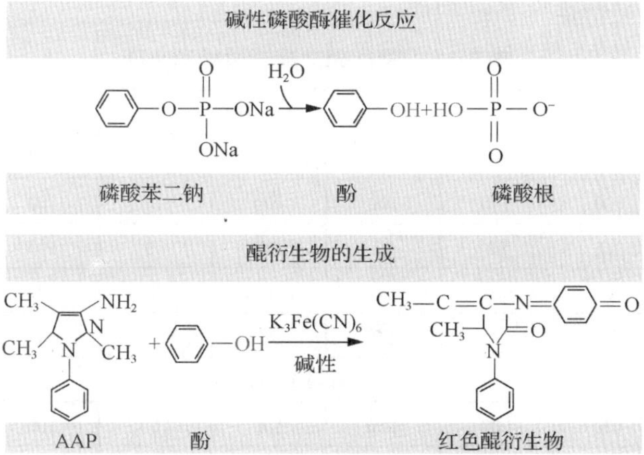

图 2.4.2　King 氏法测定法原理

【实验目的】

（1）掌握 King 氏法检测碱性磷酸酶活性的原理及操作方法。

（2）掌握相关试剂的制备方法。

【实验器材】

器材：金属浴、移液枪、1.5mL 离心管。

材料：实验 21 中制备的 A、B、C、D1 和 D2 液。

试剂：

（1）40mmol/L 磷酸苯二钠（底物）溶液：称量 348.9mg 无水磷酸苯二钠（$C_6H_5PO_4Na_2$，MW218.05）或 406.5mg 二水磷酸苯二钠（$C_6H_5PO_4Na_2 \cdot 2H_2O$，MW254.09）用纯水溶解并定容至 40mL。

（2）Tris-乙酸（pH 8.8）：配制方法同实验 21。

（3）0.5mol/L 氢氧化钠溶液：称 800mg 氢氧化钠用纯水溶解并定容至 40mL。

（4）0.3% AAP 溶液：称量 120mg AAP 和 1.68g 硫酸氢钠，用纯水溶解并定容至 40mL。

（5）0.5%铁氰化钾溶液：称 20mg 铁氰化钾和 600mg 硼酸各溶于 20mL 纯水，然后混匀并存储于棕色试剂瓶，备用。

【实验步骤】

（1）取 8 支 1.5mL 的离心管，按表 2.4.8 的顺序进行标记，并添加试剂混合均匀，37℃保温 15min。

（2）每管加入 NaOH、AAP 和铁氰化钾溶液各 100μL，37℃保温 5min。

（3）观察并记录颜色变化，拍照。

表 2.4.8　碱性磷酸酶活性检测步骤

试剂	样品编号							
	A	B	C	D1	D2	NC	PC20	PC50
底物/μL	100	100	100	100	100	100	100	100
Tris-醋酸/μL	80	80	80	80	80	100	80	50
标准酚/μL	0	0	0	0	0	0	20	50
酶液/μL	20	20	20	20	20	0	0	0
37℃保温 15min								
NaOH/μL	100	100	100	100	100	100	100	100
AAP/μL	100	100	100	100	100	100	100	100
铁氰化钾/μL	100	100	100	100	100	100	100	100
37℃保温 5min								
记录颜色变化								

【思考题】

（1）碱性磷酸酶催化磷酸苯二钠产生苯酚，但不能催化对硝基磷酸苯二钠，为什么？

（2）苯酚氧化成红色醌类化合物的化学反应中各试剂的作用是什么？

（3）碱性磷酸酶定性试验中的阳性对照和阴性对照各有什么意义？

实验 23　琥珀酸脱氢酶的作用及其竞争性抑制作用的观察

琥珀酸脱氢酶（succinate dehydrogenase，SDH）是三羧酸循环中的一种重要酶，测定细胞中琥珀酸脱氢酶的活性可以初步鉴定三羧酸循环是否发生。其活性高低也能反映机体细胞呼吸机能以及细胞的能量代谢状况。琥珀酸脱氢酶的活性检测在牛奶等级评定等生产实践中也具有重要意义。

琥珀酸脱氢酶的作用及其竞争性抑制作用的观察（PPT）

【实验原理】

在动物体内，SDH 可使琥珀酸脱氢生成延胡索酸，脱掉的氢进入 $FADH_2$ 呼吸链，通过一系列电子传递体，最后传递给氧生成水。在缺氧的条件下，某些受氢体可接受从底物上脱下的氢，如心肌细胞中的琥珀酸脱氢酶在缺氧的条件下，可使琥珀酸脱氢，脱掉的氢可将蓝色的甲烯蓝还原成无色的甲烯白。反应式如下：

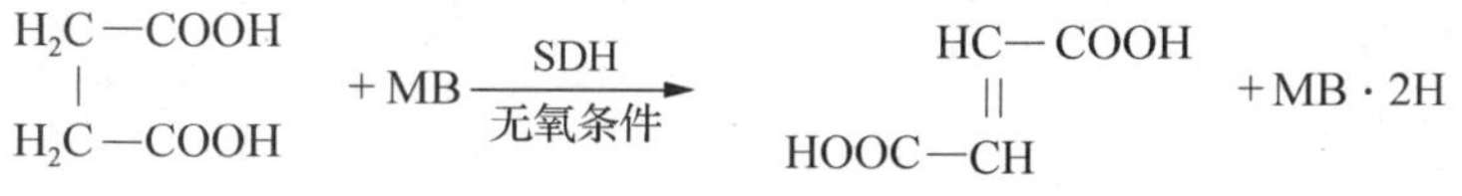

琥珀酸　　甲烯蓝　　延胡索酸　　甲烯白

通过观察蓝色甲烯蓝变成无色甲烯白的过程，即可判断琥珀酸脱氢酶的催化作用。

丙二酸和琥珀酸均为二羧酸，两者化学结构相似，因此丙二酸可与琥珀酸竞争性地结合琥珀酸脱氢酶的活性中心。一旦丙二酸与琥珀酸脱氢酶结合，则该酶不再具有催化琥珀酸脱氢反应的能力，这种现象即酶的竞争性抑制作用。酶的竞争性抑制作用可以通过加大底物浓度的方法来减弱或消除。

【实验目的】

（1）掌握琥珀酸脱氢酶的催化作用及其意义。

（2）掌握酶的竞争性抑制作用及其特点。

【实验器材】

器材：金属浴或水浴锅（37℃、100℃）、天平、离心机、研钵、剪刀、滴管等。

材料：新鲜的猪内脏。

试剂：

（1）1.5%琥珀酸钠溶液：称量琥珀酸钠 1.5g，用纯水溶解并定容至 100mL。

（2）1%丙二酸钠溶液：称量丙二酸钠 1g，用纯水溶解并定容至 100mL。

（3）0.02%甲烯蓝溶液：称量甲烯蓝 20mg，用纯水溶解并定容至 100mL。

（4）66.7mmol/L 磷酸钠溶液：称量 1.86g $Na_2HPO_4 \cdot 2H_2O$（MW 177.99），溶于纯水并定容至 100mL。

（5）液体石蜡、洁净的石英砂：购买的试剂直接使用即可。

【实验步骤】

（1）心脏提取液（琥珀酸脱氢酶溶液）制备：①称量 1g 新鲜的猪心，尽量切碎并置于研钵中；②加入等体积的石英砂以及 66.7mmol/L 磷酸钠溶液 3～4mL，将心脏组织研磨成匀浆液；③继续加入 66.7mmol/L 磷酸钠溶液 6～7mL，混合均匀，放置 30min（期间需要不时地摇动）；④离心（室温，2 000g，10min），取上清液，即为琥珀酸脱氢酶溶液。

（2）琥珀酸脱氢酶酶促反应：取 4 支试管，按照表 2.4.9 所示加入试剂。

表 2.4.9　试剂加入顺序及添加量

试剂	试管号			
	1	2	3	4
心脏提取液/μL	5	5（煮沸）	10	10
1.5%琥珀酸钠/μL	5	5	5	20
1%丙二酸钠/μL	—	—	5	5
纯水/μL	25	25	15	0
0.02%甲烯蓝/μL	2	2	2	2

加好试剂之后，混合均匀，立即在各试管的液面上小心覆盖一层液体石蜡（1～1.5cm 高），置于 37℃金属浴或恒温水浴中保温，观察并记录各管颜色变化的快慢及颜色深浅。最后，将第 1 支试管用力摇动，观察现象并记录，并在实验报告中讨论分析出现各种现象的原因。

【注意事项】

（1）研磨心脏组织时，一定要充分研磨使组织呈匀浆状。

（2）在加入 66.7mmol/L Na_2HPO_4 溶液后放置 30min 期间，一定要不时地摇动，保证琥珀酸脱氢酶从线粒体内充分释放出来。

（3）加入各试剂后，一定要将各试管的反应液充分混合均匀。

（4）混匀试剂后，需立即加入液体石蜡，以制造无氧环境。

【思考题】

（1）本实验加入液体石蜡的目的是什么？

（2）各管反应液的颜色变化的快慢程度及深浅有何不同？为什么？

（3）当第 1 支试管内溶液颜色由蓝色变成无色后，用力摇动试管，溶液有何变化？为什么？

（4）如需观察底物和抑制剂的浓度变化对酶活性的影响，应如何设计实验？

实验 24　过氧化氢酶的活性检测及其 K_m 值的计算

过氧化物酶是广泛存在于动植物细胞中的活性很强的一大类酶。过氧化氢酶（catalase，CAT）是过氧化物酶的一种，能够消除新陈代谢过程中产生的过氧化氢。当过氧化氢在机体内累积时，可以直接或间接地氧化细胞内的核酸、蛋白质等生物大分子，损伤细胞膜等结构，从而加速细胞的衰老和解体。植物在不利的环境下，由于体内活性氧代谢加强而发生过氧化氢的累积，而过氧化氢酶是植物体内重要的酶促防御系统之一，因此，组织中过氧化氢含量和过氧化氢酶活性与植物的抗逆性等密切相关。

过氧化氢酶的活性检测及其 K_m 值的计算（PPT）

【实验原理】

过氧化氢酶属于血红蛋白酶，含有铁离子，能催化过氧化氢分解为水和氧分子，在此过程中起传递电子的作用；过氧化氢则既是氧化剂又是还原剂。反应式如下：

$$R(Fe^{+2})+H_2O_2 \xrightarrow{} R(Fe^{+3}+OH^-) \quad (2e^- : R(Fe^{+2}) \rightarrow H_2O_2)$$

$$R(Fe^{+3}+OH^-)_2+2H_2O_2 \longrightarrow R(Fe^{+2})_2+2H_2O+O_2 \quad (2e^- : H_2O_2 \rightarrow R(Fe^{+3}))$$

因此，可根据 H_2O_2 的消耗量或 O_2 的生成量测定该酶的活力大小。在反应系统中加入一定量（反应过量）的 H_2O_2 溶液，经酶促反应后，用标准高锰酸钾溶液（在酸性条件下）滴定多余的 H_2O_2，即可求出消耗的 H_2O_2 的量。反应式如下：

$$5H_2O_2 + 2KMnO_4 + 4H_2SO_4 \longrightarrow 5O_2\uparrow + 2KHSO_4 + 8H_2O + 2MnSO_4$$

本实验以马铃薯为实验材料（提供过氧化氢酶），以双倒数法（$1/v$～$1/[s]$）作图求 K_m。

【实验目的】

（1）学习提取生物组织中的酶。

（2）了解米氏常数的意义以及测定过氧化氢酶的米氏常数的方法。

【实验器材】

器材：研钵、酸式滴定管、离心管、1 000mL 容量瓶、锥形瓶。

材料：马铃薯。

试剂：

（1）10% H_2SO_4：称量 10mL 浓硫酸，沿杯壁缓慢倒入 90mL 纯水中，混合均匀即可。

（2）25% H_2SO_4：称量 25mL 浓硫酸，沿杯壁缓慢倒入 75mL 纯水中，混合均匀即可。

（3）0.02mol/L 磷酸缓冲液（pH 7.0）：通过下面任一种方式制备均可。

① 先称量 0.437g 的 $Na_2HPO_4 \cdot 12H_2O$（MW358.14）溶于少量水中，然后称量 0.122g 的 $NaH_2PO_4 \cdot 2H_2O$（MW156.00）继续加入其中，彻底溶解后定容至 100mL。

② 先制备 A 液（0.2mol/L Na_2HPO_4 溶液），称量 71.64g 的 $Na_2HPO_4 \cdot 12H_2O$（MW358.14）溶于纯水并定容至 1 000mL；再制备 B 液（0.2mol/L NaH_2PO_4 溶液），称量 31.21g 的 $NaH_2PO_4 \cdot 2H_2O$（MW156.00）溶于纯水并定容至 1 000mL；最后取 A 液 6.1mL 和 B 液 3.9mL 混合，再加纯水 90mL，使总体积达到 100mL。

（4）0.02mol/L $KMnO_4$ 溶液：称量高锰酸钾（$KMnO_4$，MW158.03）3.16g，溶于纯水并定容至 1 000mL，然后煮沸 15min，在无光的条件下放置 2 天后过滤，滤液保存于棕色玻璃瓶中。

（5）标准 $KMnO_4$（0.01mol/L）：准确称量恒重草酸钠（$Na_2C_2O_4$，MW134.00）0.2g 放入 250mL 冷却的沸水中并加入 10mL 浓硫酸，搅拌溶解。然后用 0.02mol/L $KMnO_4$ 滴定至微红色，水浴加热至 65℃，继续滴定至溶液呈微红色，保持 30s 不褪色。根据草酸钠的质量和使用的标定前 0.02mol/L $KMnO_4$ 的体积，再结合两种物质反应的方程式，算出 $KMnO_4$ 的准确浓度并稀释至 0.01mol/L。反应式如下：

$$5Na_2C_2O_4+2KMnO_4+8H_2SO_4 \longrightarrow 10CO_2\uparrow+2MnSO_4+K_2SO_4+8H_2O+5Na_2SO_4$$

（6）0.1mol/L H_2O_2 溶液：取浓度为 30% H_2O_2（MW34）23mL 加入 1 000mL 容量瓶中，加纯水至指定刻度（约 0.2mol/L）。混匀后取 1mL 加入 1mL 纯水，再加入浓度为 25% H_2SO_4 2.0mL 混匀，然后使用标准 $KMnO_4$ 进行滴定，至溶液呈微红色。根据标准 $KMnO_4$ 的使用量，结合两种物质的反应，计算标定前的 H_2O_2 浓度；然后将剩余的 H_2O_2 溶液稀释至 0.1mol/L。反应式如下：

$$2KMnO_4+H_2O_2 \longrightarrow 2MnO_2\downarrow+2KOH+O_2\uparrow$$

【实验步骤】

（1）酶液制备：取马铃薯 5g，加入少量 pH 7.0 的磷酸缓冲液，研磨成糊状，转移至 15mL 离心管中；用该缓冲液冲洗研钵，一并转入离心管中，用同一缓冲液定容至

15mL，于 4℃冰箱中静置 10min，离心（室温，2 300*g*，15min），所得上清液即为过氧化氢酶的粗提液。

（2）酶促反应：取 25mL 锥形瓶 6 支，按表 2.4.10 所示顺序加入试剂（加入酶液时须动作迅速并立即混合均匀），开始计时。反应时间达到 5min 时立即加入 2.5mL 25% H_2SO_4 充分混合均匀以终止反应。

表 2.4.10　过氧化氢酶的酶促反应

试剂	试管编号					
	0	1	2	3	4	5
0.1mol/L H_2O_2/mL	0	1.00	1.25	1.67	2.5	5.00
纯水/mL	9.5	8.50	8.25	7.83	7.0	4.50
酶液/mL	0.5	0.5	0.5	0.5	0.5	0.5

（3）滴定：用标准 $KMnO_4$ 溶液滴定 H_2O_2，当出现粉红色（在 1min 内不消失）时为滴定终点，记录消耗的 $KMnO_4$ 溶液体积。

（4）计算：按如下公式计算，求出各瓶的底物浓度[*s*]（mol/L）和反应速度 *v*（mmol/min）。然后以 1/*v* 为纵坐标，以 1/[*s*]为横坐标作图，即可通过双倒数法求出 K_m。

$$[s]=\frac{c_1V_1}{10} \qquad v=\frac{c_1V_1-\dfrac{5}{2}c_2V_2}{5}$$

式中：c_1——H_2O_2 浓度（mol/L）；

V_1——H_2O_2 的体积（mL）；

10——反应的总体积（mL）；

c_2——$KMnO_4$ 浓度（mol/L）；

V_2——$KMnO_4$ 的体积（mL）。

【注意事项】

（1）记录反应时间必须准确。

（2）酶浓度须均一，混合均匀后再使用。若酶活力过大，应适当稀释。

（3）25% H_2SO_4 除终止酶反应，还为 $KMnO_4$ 滴定剩余 H_2O_2 提供酸性环境。

（4）数据处理过程中要注意米氏常数的单位和相应的有效数字。

【思考题】

（1）除了 K_m 值之外，本实验还能得到酶的哪些重要参数？

（2）除了马铃薯外，还有哪些植物中含有丰富的过氧化氢酶？过氧化氢酶的主要生物学功能是什么？

（3）动物体内的过氧化氢酶有何生理功能？

实验 25　精氨酸激酶的分离纯化及活力测定

【实验原理】

精氨酸激酶（arginine kinase，AK）属于磷酸原激酶家族中的重要一员，广泛存在于无脊椎动物（如昆虫、虾、蟹）体中，起着类似于脊椎动物中肌酸激酶的作用，是一种与细胞内能量运转、肌肉收缩、ATP 再生有直接关系的重要激酶。

精氨酸激酶的分离纯化及活力测定（PPT）

精氨酸激酶催化精氨酸与 ATP 合成磷酸精氨酸时释放出质子，用酸碱指示剂（0.15%百里酚蓝和 0.025%甲酚红）分析溶液中质子的生成量，表示精氨酸激酶的活性。本实验中的酸碱指示剂在反应液的 pH 稍大于 8.0 时，其 575nm 处的吸光度值下降（2.2～1.4）与溶液中 H^+浓度的增加呈线性关系，因此精氨酸激酶的活力大小可用单位时间内 575nm 处的光吸收变化来表示。

通过凝胶柱层析及离子交换层析的方法可以分离得到精氨酸激酶。

【实验目的】

（1）掌握纯化精氨酸激酶的原理和操作技术。

（2）巩固凝胶柱层析法。

（3）掌握离子交换层析法。

【实验器材】

器材：层析柱（直径 1.0～1.3cm；管长 30cm）、恒流泵、核酸蛋白检测仪、分光光度计、自动部分收集器、低温高速离心机、TH-10000A 梯度混合仪。

材料：市售鲜虾肉。

试剂：

（1）葡聚糖凝胶（Sephacryl S-200HR）：购买后使用即可。

（2）DEAE 琼脂糖凝胶（DEAE Sepharose CL-6B）：购买后使用即可。

（3）0.1mol/L Tris-HCl 缓冲液（pH 8.0）：有两种途径可以获得该试剂。

① 先配制 A 液（0.1mol/L Tris-HCl，～pH 11），称取 12.11g 三羟甲基氨基甲烷（Tris，MW121.14）用水溶解后再定容至 1 000mL；再制备 B 液（0.1mol/L HCl），量取 8.3mL 浓盐酸，缓慢加入纯水定容至 1 000mL，混合均匀即可；最后取 A 液 500mL，B 液 292mL，混合后加蒸馏水定容至 1 000mL。

② 称量 12.11g 的 Tris 放入盛有约 600mL 纯水烧杯中搅拌，尽量使其溶解（注意：高浓度的 Tris 不能够完全溶于纯水）。开始时使用高浓度（6mol/L）HCl 调整 pH，当 pH 接近 8.0 时，换用低浓度的（2mol/L）HCl 继续调整 pH 至 8.0，最后定容至 1 000mL。

（4）0.5mol/L EDTA 溶液（pH 8.0）：有两种途径可以获得该试剂。①购买市售的溶液直接使用。②称取 18.6g $Na_2EDTA \cdot 2H_2O$（MW372.24），放入 70～80mL 纯水中搅拌，尽量使其溶解（此时不完全溶解），用 NaOH 调整 pH 为 8.0（约加入 2g NaOH 颗粒），最后用纯水定容至 100mL。

（5）精氨酸激酶提取液：取 500mL 0.1mol/L pH 8.0 Tris-HCl 缓冲液，加入 0.5mol/L EDTA（pH 8.0）溶液 2mL 和β-巯基乙醇原液 1mL，最后用纯水定容至 1 000mL，即得 50mmol/L Tris-HCl、1mmol/L EDTA、14mmol/L β-巯基乙醇的混合液，pH 8.0。

（6）57mmol/L 精氨酸溶液：称量 0.993g 精氨酸（Arg，MW174.2）溶于水并定容至 100mL。

（7）46mmol/L ATP 溶液：称量 2.332g ATP（MW507.18）溶于水并定容至 100mL。

（8）66mmol/L $MgSO_4$ 溶液：称量 0.794g $MgSO_4$（MW120.37）溶于水并定容至 100mL。

（9）凝胶柱层析平衡液和洗脱液、离子交换层析柱平衡液 A：即精氨酸激酶提取液。

（10）DEAE Sepharose CL-6B 阴离子交换层析柱洗脱液：A 液同精氨酸激酶提取液；B 液则是在 A 液中含有 1mol/L NaCl。

（11）0.1%甲酚红溶液：称量甲酚红 0.1g 先溶于 5.3mL 0.05mol/L 氢氧化钠溶液，再加纯水定容至 100mL。

（12）0.2%百里酚蓝溶液：称量 0.2g 百里酚蓝溶于 100mL 分析纯的乙醇溶液即可。

（13）指示剂：0.1%甲酚红 1 份、0.2%百里酚蓝 3 份混合，得到 0.025%甲酚红和 0.15%百里酚蓝的混合液。

（14）酶活力测定体系：分别取 57mmol/L 精氨酸、46mmol/L ATP、66mmol/L $MgSO_4$ 和指示剂各 2mL，加纯水定容至 20mL，调整 pH 至 8.0（575nm 下的吸收值在 2.1 左右）。

【实验步骤】

（1）精氨酸激酶粗提液的制备：称取鲜虾肉 6g，加入 15mL 酶提取液（为虾肉质量的 2～3 倍），冰浴下匀浆，然后离心（4℃、12 000*g*、20min），所得上清液即为酶粗提液。

（2）凝胶柱层析纯化。①葡聚糖凝胶（Sephacryl S-200HR）溶胀：方法与实验 17 基本相同。②装柱：先在柱中加入约 10cm 高的平衡液，然后倒入凝胶约 20mL，打开柱底部的出口，使其自然沉降，当凝胶与平衡液之间形成明显分界面时，放入两层大小合适的滤纸片于凝胶顶部，接上恒流泵，流速设定为 2.5mL/min，当柱不再进一步压缩时，保持柱顶部平衡液 1～2cm 高。③加样：打开柱顶，用吸管吸出柱床上多余的平衡液仅留薄薄一层，然后加入酶粗提液约 300μL（加样量一般不超过凝胶体积的 5%）。④洗脱：确认样品进入凝胶后，打开柱底部的阀门，同时打开恒流泵（流速控制在 1～1.5mL/min）进行洗脱，洗脱液通过核酸蛋白检测仪，并通过自动收集器收集，每管收集 2～3mL，层析结果如图 2.4.3 所示。

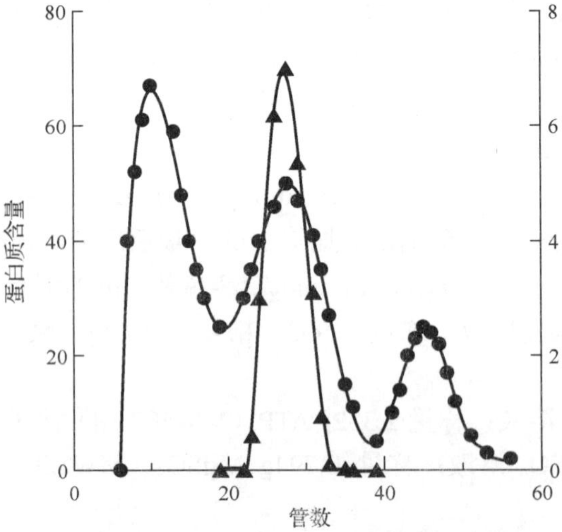

图 2.4.3　虾精氨酸激酶的 Sephacryl G-200 HR 凝胶柱层析

（3）阴离子交换层析纯化：DEAE 琼脂糖凝胶（DEAE Sepharose CL-6B）的溶胀、装柱、平衡和加样同凝胶柱层析。凝胶柱层析纯化收集的单一峰对应的收集管内的液体为离子交换层析的上样液。洗脱采用 NaCl 浓度梯度洗脱法，将 DEAE 脂糖凝胶层析柱洗脱液 A 和 B 分别加到梯度混合仪两容器内（图 2.4.4），其中 B 液 150mL 加入左杯，A 液 150mL 加入右杯，打开梯度混合仪中间阀，接上恒流泵，流速为 1.5mL/min，通过核酸蛋白检测仪和自动收集器收集样品，层析结果如图 2.4.5 所示。

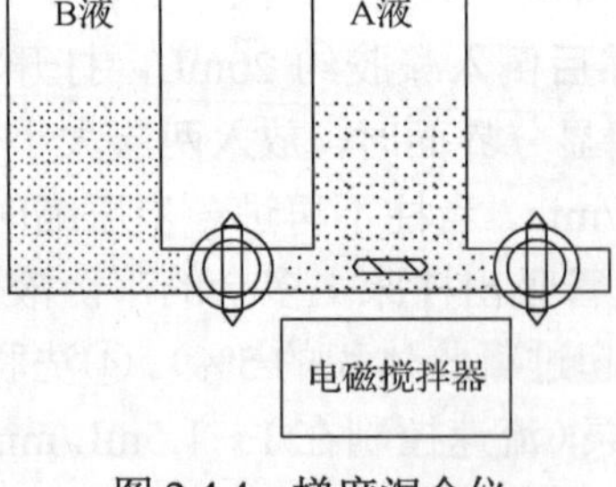

图 2.4.4　梯度混合仪

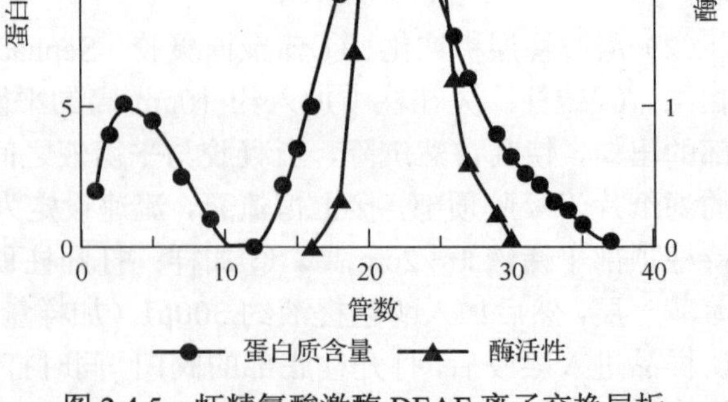

图 2.4.5　虾精氨酸激酶 DEAE 离子交换层析

（4）蛋白质含量测定：蛋白质含量测定可采用紫外吸收法或考马斯亮蓝染料结合法，参见实验 10、实验 11。

（5）酶活力测定：取 3mL 酶活力测定反应液放入比色杯中，加入 30μL 酶液，立即混合均匀并测定 OD_{575}，开始计时。当吸收度值达到 1.4 时停止测定，并记录所需时间，以每秒 575nm 处每变化 0.001 为一个酶活力单位。如果反应开始时 OD_{575} 为 2.0，反应 60 秒后，OD_{575} 为 1.4，则酶活力为

$$\text{酶活力}=\frac{2.0-1.4}{60}\times 1\,000=10\text{U}$$

（6）酶纯度鉴定：采用 SDS-聚丙烯酰胺凝胶电泳鉴定即可，参见实验 15。

【思考题】

（1）影响蛋白质分离效果的因素有哪些?

（2）利用层析法纯化酶时如何确定目的蛋白？

（3）如何评价蛋白质纯度？

（4）为何酶纯化过程中每一步都要测定蛋白质含量和酶活性？试设计实验以区分各溶液。

实验 26　维生素 C 的含量测定

维生素 C 的含量测定（PPT）

【实验原理】

维生素 C（vitamin C，VC）具有很强的还原性，在碱性溶液中加热并有氧化剂存在时，维生素 C 易被氧化而破坏。在中性和微酸性环境中，维生素 C 能将染料 2, 6-二氯酚靛酚还原成无色的还原型的 2, 6-二氯酚靛酚，同时维生素 C 氧化成脱氢维生素 C。氧化型的 2, 6-二氯酚靛酚在酸性溶液中呈红色，在中性或碱性溶液中呈蓝色。当用 2, 6-二氯酚靛酚滴定含有维生素 C 的酸性溶液时，在维生素 C 尚未全被氧化时，滴下的 2, 6-二氯酚靛酚立即被还原成无色。但当溶液中的维生素 C 刚好全部被氧化时，滴下的 2, 6-二氯酚靛酚立即使溶液变为微红色。所以，当溶液由无色变为微红色时即表示溶液中的维生素 C 刚好全部被氧化，此时即为滴定终点。根据滴定过程中 2, 6-二氯酚靛酚溶液的消耗量，可以计算出被检物质中还原型维生素 C 的含量。其化学反应式如下：

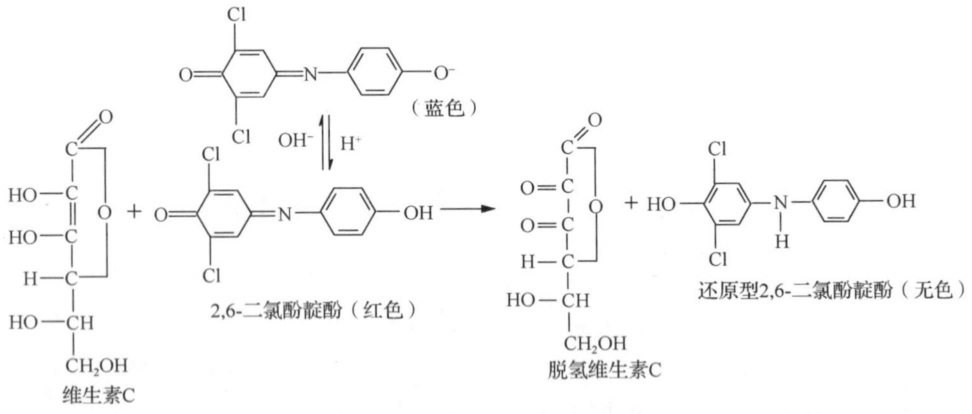

【实验目的】

（1）掌握蔬菜或者水果中维生素 C 含量的测定方法。

（2）掌握 2, 6-二氯酚靛酚的滴定法。

【实验器材】

器材：天平、研钵、100mL 容量瓶、100mL 烧杯、漏斗、50mL 锥形瓶、微量滴定管、5mL 移液管、10mL 移液管、纱布、滤纸、玻璃棒。

材料：新鲜水果（橙子等）或蔬菜（西红柿等）。

试剂：

（1）2%草酸溶液：称 20g 草酸，溶于纯水并定容至 1 000mL。

（2）1%草酸溶液：称 10g 草酸，溶于纯水并定容至 1 000mL。

（3）标准维生素 C 溶液（0.1mg/mL）：准确称量 50mg 纯维生素 C，溶于 1%草酸溶液，并定容至 500mL，储存于棕色瓶中，冷藏。（建议现用现配）

（4）0.1% 2, 6-二氯酚靛酚溶液（染料）：称 500mg 2, 6-二氯酚靛酚溶于 300mL 含有 104mg $NaHCO_3$ 的热水中，冷却后加水至 500mL，滤去不溶物，储存于棕色瓶内，冷藏（4℃约可保存一星期）。每次使用前，以标准维生素 C 溶液标定。

（5）30% $Zn(Ac)_2$ 溶液：称 30g 锕化锌［$Zn(Ac)_2 \cdot 2H_2O$，MW219.50］溶于纯水并定容至 100mL。

（6）15% $K_4Fe(CN)_6$ 溶液：称 15g 亚铁氰化钾［$K_4Fe(CN)_6$，MW386.34］溶于纯水中并定容至 100mL。

【实验步骤】

（1）样品的处理及提取：①称量约 10g 的新鲜水果或蔬菜（清洗干净，除去不可食用的部分，用纱布或吸水纸吸干表面水分，切碎）放入研钵中，加入 10mL 2.0%草酸溶液，研磨成糊状，得匀浆液；②将匀浆液移入 100mL 容量瓶中，再用 1.0%草酸溶液洗涤研钵，将洗涤液一并转移至容量瓶中，然后加入 30% $Zn(Ac)_2$ 和 15%$K_4Fe(CN)_6$ 溶液各 5mL，脱色，最后用 1.0%的草酸定容至刻度，充分摇匀，静止 10min 后过滤，滤液备用。（弃去最初流出的几毫升溶液）

（2）滴定：滴定包括标准液滴定和样品滴定。

① 标准液滴定：准确吸取 1mL 标准维生素 C 溶液（含 0.1mg 维生素 C）置于 50mL 锥形瓶中，加入 9mL 1.0%草酸溶液，使用配制好的染料滴定至粉红色且保持 15s 不褪色为止，即滴定结束。通过所用 2, 6-二氯酚靛酚溶液的体积计算相当于维生素 C 的质量，由此可求出每毫升 2, 6-二氯酚靛酚溶液相当于维生素 C 的质量。

② 样品滴定：准确吸取滤液 10mL 放于 50mL 的锥形瓶中，立即用标定过的染料进行滴定，直至溶液呈浅粉红色且 15s 不褪色为止。记录所用染料的体积。为了避免其他物质的干扰，滴定过程不得超过 2min。（此步骤平行做 2～3 次，取平均值，做空白对照）

（3）计算：

$$\text{维生素 C 含量（mg/100g 样品）} = (VT/W) \times 100$$

式中：V——滴定样品所消耗的染料的平均体积；

T——1mL 染料相当于维生素 C 的质量；

W——滴定时所用样品稀释液中含样品的质量。

【注意事项】

（1）样品浆状物定容时易出现泡沫现象，可加数滴正丁醇消除。

（2）样品提取和滴定过程中，避免阳光直射或与金属器皿接触。

（3）滴定时间不得超过 2min，2, 6-二氯酚靛酚溶液不应少于 1.0mL 或超过 4.0mL。

（4）研磨后的糊状物若不易过滤，可用离心方法代替。

【思考题】

（1）实验样品为什么用 2%的草酸处理？

（2）维生素 C 在生物体内如何行使功能？是否参与辅基或辅酶的形成？

第5章 核　　酸

生命科学发展到今天，离不开核酸相关理论的重大发现，如确定核酸（DNA 和 RNA）为遗传物质、DNA 的双螺旋结构和 DNA 的半保留复制、DNA 的半不连续复制、连接酶、反转录酶等，这些均为生命科学发展史上的里程碑。另外，DNA 聚合酶链式反应（polymerase chain reaction，PCR）和实时荧光定量 PCR（quantitative real-time PCR，qPCR）技术等同样为生命科学的发展做出了巨大贡献。除上述提及的内容以外，本章还涉及琼脂糖凝胶电泳检测、DNA 和 RNA 的纯化、第一链 cDNA 的制备，以及动物组织源性的鉴定等内容。这些技术，是目前分子生物学研究，特别是基因工程研究中必不可少的实验技术。这些实验技术的掌握，对学生今后继续深造乃至从事实际生产中的核酸相关工作具有重要意义。

实验 27　DNA 琼脂糖凝胶电泳

DNA 琼脂糖凝胶电泳（PPT）

【实验原理】

参见“基础知识 2　常用实验技术”中的琼脂糖凝胶电泳。

核酸琼脂糖凝胶电泳检测

【实验目的】

（1）掌握核酸琼脂糖凝胶电泳的原理和操作方法。

（2）掌握相关溶液的制备方法。

（3）掌握溴化乙啶（EB）使用注意事项。

【实验器材】

器材：锥形瓶、分析天平、移液枪、制胶模具、电泳槽、供电仪、凝胶成像仪。

材料：琼脂糖、EB（10mg/mL）、样品 DNA、标准 DNA。

试剂：

（1）6×DNA 上样缓冲液：购买试剂直接使用。

（2）50×TAE（pH 8.5）：称量 242g Tris 和 37.2g $Na_2EDTA \cdot 2H_2O$ 溶于 800mL 纯水中，加入 57.1mL 乙酸，充分混合均匀，定容至 1 000mL。

（3）1×TAE（pH 8.5）：量取 10mL 50×TAE，加水 490mL，混合均匀后即可使用。

【实验步骤】

（1）1%琼脂糖溶液的制备：①量取1×TAE 40mL倒入锥形瓶（或其他可用微波炉加热的容器）；②称0.4g琼脂糖，倒入锥形瓶中混合均匀，使琼脂糖颗粒分散开（不结块）；③在微波炉中加热使琼脂糖彻底熔化（其间进行多次摇动，避免加热过程中溶液溅出，注意戴隔热手套）。

（2）凝胶板的制备：①组装制胶板；②待凝胶溶液冷却至约50℃时（不烫手为宜），迅速加入0.6μL EB，摇匀；③向制胶板内倒入适量的胶液并插上电泳梳；④等待胶凝固；⑤拔出电泳梳。

（3）电泳的准备：将胶板移入电泳槽，上样孔靠近黑色的负极端，加入1×TAE电泳液，以稍没过胶面为宜。

（4）样品制备：取适量的DNA检测样品，加入1/6体积的6×DNA上样缓冲液，混合均匀（加入DNA样品量与制胶板电泳梳规格相对应）。

（5）加样：用量程10μL的移液枪添加样品（建议）。

（6）电泳：设定电压120V，时间25min（可根据实际情况进行调整），然后开始运行。

（7）拍照：电泳结束后，将琼脂糖凝胶移入凝胶成像仪，按仪器操作说明进行拍照并保存。

（8）清理：实验结束后，清理实验台，用过的琼脂糖凝胶按垃圾分类要求进行处理。

【思考题】

（1）琼脂糖凝胶放入电泳槽时，上样孔需靠近正极还是负极？为什么？

（2）在准备用于检测的DNA样品时，为什么需要加入上样缓冲液？

（3）为了节省实验成本，是否可以不使用标准DNA？为什么？

（4）使用EB时应注意哪些细节？目前有哪些可以替代EB的试剂？

实验28　动物肝脏DNA的提取与检测

动物肝脏DNA的提取与检测（PPT）

【实验原理】

动物细胞中除含有细胞核和线粒体DNA外，同时含有大量的蛋白质、RNA、脂类和糖类等物质。DNA的制备或纯化是指将DNA从复杂的细胞裂解物中分离出来，是重要且基本的分子生物学技术之一。目前，最传统、最常用的DNA制备方法是酚/氯仿抽提法。当然，市场有很多DNA提取试剂盒，可直接购买使用。

水饱和酚可使蛋白质变性，蛋白质分子表面极性基团可与苯酚相溶，而DNA则溶于水相。氯仿可加速有机相与水相的分层，然后使用氯/仿抽提的方法去除核酸溶液中的痕量酚。在高浓度乙醇中，DNA 溶解度很低，故在 DNA 水相中加入 2.5 倍体积的无水乙醇可使 DNA 析出。

【实验目的】

（1）掌握动物组织染色体 DNA 的纯化原理和操作方法。

（2）掌握相关溶液的制备方法。

（3）加深对 DNA 的了解和认识。

【实验器材】

器材：分析天平、离心机、移液枪、研钵、剪刀、琼脂糖凝胶电泳相关设备、分光光度计、NanoDrop 微量分光光度计等。

材料：新鲜或冷冻猪肝。

试剂：

（1）水饱和酚、氯仿、异戊醇、冷无水乙醇、蛋白酶 K（20mg/mL）：购买后直接使用。

（2）浓度为 70%冷乙醇溶液：取 7 份无水乙醇和 3 份纯水混合均匀，放入−20℃冰柜，备用。

（3）细胞裂解液：该溶液的组成为 10mmol/L Tris-HCl、150mmol/L NaCl、0.1% SDS、10mmol/L EDTA，溶液 pH 8.0。量取 1mol/L Tris-HCl（pH 8.0）5mL、1.5mol/L NaCl 50mL、10% SDS 5mL、0.5mol/L EDTA 10mL，然后用水定容至 500mL。使用前，加入 1/1 000 体积的蛋白酶 K 原液，混合均匀，使其浓度为 20μg/mL。

1.5mol/L NaCl：称量 8.77g 的 NaCl（MW 58.44）溶于 80mL 纯水并定容至 100mL。

1mol/L Tris-HCl（pH 8.0）：称量 12.11g 的 Tris（MW 121.14）溶于 60mL 纯水（可加热助溶），使用 HCl 将 pH 调至 8.0，最后定容至 100mL。

10% SDS：称量 1g SDS 粉末溶于 10mL 纯水，彻底溶解后即可使用。

0.5mol/L EDTA：购买后直接使用或自己制备［参见实验 25 的试剂（4）］。

【实验步骤】

（1）研磨：取 80mg 猪肝切碎放入研钵，加入 0.8mL 细胞裂解液研磨，转移至 2mL 离心管中。

（2）细胞裂解（蛋白酶消化）：37℃环境下孵育过夜或 55℃处理 3h，其间多次颠倒混合均匀样品。

动物组织染色体 DNA 的制备

（3）含 DNA 溶液收集：16 000g，室温离心 3min（无特殊说明，后续离心条件相同）。

（4）苯酚处理：取水相（上层）700μL，加等体积的水饱和酚，颠倒混合均匀。

（5）第一次水相收集：离心，取水相 600μL，加入等体积的酚/氯仿/异戊醇（25∶24∶1）混合液，颠倒混合均匀。

（6）第二次水相收集：离心，取水相 500μL，加入等体积的氯仿，颠倒混合均匀。

（7）第三次水相收集：离心，取水相 400μL。

动物组织染色体 DNA 制备实验操作

（8）DNA 析出：缓慢加入 2.5 倍体积的冷无水乙醇（注意观察发生的现象）。轻轻颠倒混合均匀，每颠倒一次观察现象（是否出现白色絮状物，若出现，量有何变化）。

（9）DNA 收集：离心 20min（16 000*g*，4℃），去上清液，留沉淀。

（10）DNA 洗涤：加入浓度为 70%冷乙醇溶液 700μL，颠倒混合均匀，离心 5min（16 000g，4℃）。重复此步骤，然后再次离心 1min（16 000g，4℃），尽量去除 70%乙醇溶液。

（11）DNA 干燥：打开离心管盖，在通风良好的台面上晾干 DNA，待 DNA 沉淀周围出现透明圈时，表明残留的乙醇已全部挥发。

（12）DNA 溶解：加入适量的纯水或适当的缓冲液溶解沉淀，即获得纯化后的肝脏 DNA。

（13）DNA 检测：取 1μL DNA 溶液进行琼脂糖凝胶电泳检测或分光光度计检测。

【思考题】

（1）裂解液中为什么要加蛋白酶 K？

（2）乙醇在本实验中有何作用？使用前应做好哪些准备？

（3）当含 DNA 的水相体积很大时，可使用何种有机溶剂替代无水乙醇使 DNA 析出？

（4）使用水饱和酚应注意什么？为什么？

（5）采用本方法纯化的 DNA 是否为单一的细胞核 DNA？为什么？

（6）从步骤（1）到步骤（2），为什么取水相的体积不断减少？实际工作中是否这样操作？

实验 29 动物肝脏 RNA 的提取与检测

动物肝脏 RNA 的提取与检测（PPT）

【实验原理】

细胞内大部分 RNA 均与蛋白质结合在一起，并且多以核蛋白的形式存在。因此，分离制备 RNA 时，须使 RNA 与蛋白质解离，并除去蛋白质。由于 RNA 的种类、来源和存在形式不同，所用的制备方法也不尽相同，常用的方法有盐酸法、稀碱法和苯酚法。其中，苯酚法使用较为广泛。

TRIzol 是一种由苯酚和异硫氰酸胍配制而成的单相快速抽提总 RNA 的试剂，在匀浆和裂解过程中，虽然细胞破碎以及其他细胞成分降解，但 TRIzol 可保护 RNA 的完整性。经氯仿抽提、离心后，RNA 处于上层水相中。此时，使用异丙醇沉淀 RNA，再用 75%乙醇洗涤沉淀，即可获得较为纯净的总 RNA。

【实验目的】

（1）掌握动物肝脏 RNA 提取的基本原理和操作方法。

（2）掌握 RNA 纯度和浓度的检测方法。

【实验器材】

器材：DNA 琼脂糖凝胶电泳相关设备、高速冷冻离心机、分析天平、NanoDrop 微量分光光度计、移液枪、研钵、2mL 玻璃匀浆器、剪刀等。

材料：新鲜或-80℃冻存的猪肝。

试剂：Trizol 试剂、氯仿、异丙醇、75%冷乙醇溶液、RNase-free H_2O（无 RNA 酶的水，即 DEPC 处理水，可购买或自制）。

【实验步骤】

（1）研磨：将猪肝剪（切）碎放入研钵中，加入少量液氮，迅速研磨，重复此操作多次，直至组织磨成粉末状。

（2）匀浆：称取研磨的组织 0.1g 放入 2mL 玻璃匀浆器中，加入 1mL Trizol 充分匀浆。

（3）氯仿处理：将匀浆液倒入 1.5mL 离心管中，加入 0.2mL 氯仿，连续剧烈振荡 15s，室温静置 2min。

（4）抽提（水相）：离心（16 000*g*，4℃，15min），取上层水相 0.5mL 至新的离心管（RNA 主要分布于水相）。

（5）RNA 沉淀：向步骤（4）的离心管中加入 0.5mL 异丙醇，将管中液体轻轻颠倒混合均匀，室温静置 10min。离心（16 000*g*，4℃，10min），弃上清液，留沉淀。

（6）RNA 洗涤：向沉淀中加 1mL 75%冷乙醇溶液，上下颠倒数次，离心（7 500*g*，4℃，5min），弃上清液，留沉淀。再次离心（4℃，7 500*g*，1min），尽量去除 75%乙醇溶液。

（7）RNA 干燥：打开离心管盖，使乙醇完全挥发（沉淀周围出现透明圈）。

（8）RNA 溶解：用适量 RNase-free H_2O 溶解 RNA。

（9）RNA 检测：取 1μL RNA 溶液进行琼脂糖凝胶电泳，同时使用 NanoDrop 检测，以评价 RNA 的浓度、完整性以及纯度。

（10）RNA 后续处理：剩余的 RNA 可直接用于反转录或-80℃环境下保存，备用。

【思考题】

（1）提取动物组织 RNA 时，是否必须进行液氮研磨？

（2）RNase 的分布有何特点？

（3）为什么所有自备的溶液均须使用 RNase-free H_2O 配制？

（4）本实验中，如何避免 RNA 样品中的 DNA 污染？

（5）如何防止 RNA 降解？

（6）使用 NanoDrop 检测 RNA 浓度时，测 OD_{230}、OD_{260} 和 OD_{280} 的原理是什么？

实验 30　酵母 RNA 的提取和鉴定

酵母 RNA 的提取和鉴定（PPT）

【实验原理】

酵母中的核酸主要是 RNA（2.67%～10.0%），DNA 含量较低（0.03%～0.52%），且菌体易收集，RNA 易分离。从酵母中提取 RNA 的方法很多，常用的有稀碱法和浓盐法。前者是利用稀碱使细胞壁溶解，这种方法提取时间短，但是 RNA 在此条件下不稳定，易分解；后者是在加热（90～100℃）条件下，利用高浓度盐（如 10% NaCl）改变细胞膜的通透性，使 RNA 释放出来，提取的 RNA 色泽、纯度较好。本实验主要目的是对核酸组分进行鉴定，对 RNA 稳定性要求不严格，故采用稀碱法。

【实验目的】

（1）学习和了解从酵母中提取 RNA 的原理与方法。

（2）掌握核酸各组分的鉴定方法。

【实验器材】

器材：离心机、恒温水浴锅、紫外分光光度计、电炉、酸度计或 pH 试纸、三角瓶、烧杯、试管、移液管。

材料：干酵母粉。

试剂：

（1）无水乙醇、70%乙醇溶液、5% $AgNO_3$、10% H_2SO_4、6mol/L 乙酸、0.2% NaOH、6%氨水。

（2）苔黑酚-$FeCl_3$：先制备 A 液和 B 液，使用前，取 100mL A 液和 3.5mL B 液，混合均匀。

A 液：称量 10mg $FeCl_3 \cdot 6H_2O$ 溶于 6mL 水中，加 94mL 浓盐酸。

B 液：称量 0.6g 苔黑酚（5-甲基间苯二酚）溶于 10mL 无水乙醇。

（3）定磷试剂：该试剂为 4 种化合物的混合物（3mol/L 硫酸∶纯水∶21.5%钼酸铵∶10%维生素 C=1∶2∶1∶1，建议现用现配），颜色为浅黄色。由于维生素 C 容易氧化变质，本实验用 2.5% $SnCl_2$ 代替维生素 C（易保存，效果更好）。实际使用时，分别制备 C 液和 D 液，然后先把 C 液加入待测样品，再加 D 液 1～2 滴。

C 液：3mol/L 硫酸∶纯水∶21.5%钼酸铵=1∶2∶1。

D 液：2.5% $SnCl_2$。

【实验步骤】

（1）抽提：称量 0.4g 干酵母粉放入 5mL 离心管中，加入 0.2% NaOH 溶液 3mL，用玻璃棒搅拌均匀后放入沸水浴中孵育 15min，其间进行多次搅拌。

（2）分离：取出离心管，冷却至室温，用 6mol/L 乙酸调整 pH 至 6.0（2～5 滴），然后离心（室温，3 500*g*，10min），取上清液。

（3）沉淀 RNA：将上清液平均分装到 2 个 5mL 离心管（标记为 1 号管和 2 号管）中，再分别加入 2.5 倍体积的无水乙醇，静置 10min，然后离心（室温，3 500*g*，10min），弃上清液，留沉淀。

（4）洗涤：将所得沉淀用 70%乙醇溶液洗涤 2 次（每次 3mL），待乙醇挥发完全后，1 号管用 5mL 纯水溶解，2 号管用 5mL 10% H_2SO_4 溶液溶解。

（5）RNA 的组分鉴定：①用水溶解的 RNA，分别测定其 260nm 和 280nm 的吸光度，并根据吸光度的比值（OD_{260}/OD_{280}）判定 RNA 的纯度及酵母 RNA 的提取率；②组分鉴定：用硫酸水解的样品转入 50mL 三角瓶，在电炉上加热沸腾 1～2min，至溶液透明为止，得到 RNA 水解液。然后按照表 2.5.1 所示进行各组分鉴定。

表 2.5.1　各种组分的检测体系

检测组分	嘌呤	核糖	磷酸
水解液	2mL	0.5mL	1mL
试剂	6% $NH_3 \cdot H_2O$，2mL	苔黑酚-$FeCl_3$，1mL	C 液，1mL
	5% $AgNO_3$，1mL		2.5% $SnCl_2$，1～2 滴
反应条件	室温	沸水浴 1min	沸水浴 2～5min
现象	白色絮状沉淀	鲜绿色	蓝色

【思考题】

（1）稀碱法提取的 RNA 中含有 DNA 分子，应如何去除？

（2）OD_{260} 与 DNA 和 RNA 的浓度应如何进行换算？

（3）如何设计实验来检测 DNA 的各组分？

（4）使用浓盐法从酵母细胞中提取 RNA 的原理是什么？

（5）分别含有蛋白质、糖、RNA 的三瓶溶液标签丢失，应如何设计实验以区分各溶液？

实验31 第一链cDNA的制备

第一链cDNA
的制备（PPT）

【实验原理】

提取组织或细胞中总RNA，以其中的mRNA为模板，采用Oligo $(dT)_{18}$或随机引物利用逆转录酶逆转录成单链DNA。该DNA与mRNA互补，称为cDNA（complementary DNA，互补DNA）。所有合成第一链cDNA的方法均需要依赖于RNA的DNA聚合酶，由逆转录酶催化。cDNA依赖于高质量的RNA，应保证每种RNA的全长和拷贝数，而且RNA溶液中不含逆转录酶的抑制剂。

【实验目的】

掌握第一链cDNA合成的原理和方法。

【实验器材】

器材：移液枪、掌式离心机、冰盒、PCR仪、金属浴等。

材料：总RNA溶液。

试剂：逆转录试剂盒，包含10 mmol/L dNTP（脱氧核糖核苷三磷酸）混合物（每种浓度均为2.5 mmol/L）、Oligo $(dT)_{18}$引物、RNA酶抑制剂、5×第一链合成缓冲液、0.1 mol/L DTT、M-MLV逆转录酶和RNase-free水。

【实验步骤】

（1）按照试剂盒说明，使用微量离心管（0.2mL）制备反应体系（表2.5.2）。

表2.5.2 cDNA第一链合成第一步的反应体系

试剂名称	体积
Oligo $(dT)_{18}$ 引物	1μL
总RNA	1～2μg
10mmol/L dNTP 混合物	1μL
RNase-free H_2O	补足至12μL

（2）将上述混合物在65℃环境下孵育5min后，迅速置于冰上冷却。短暂离心后，继续按照表2.5.3加入试剂，混合均匀，在37℃环境下孵育2min。

表2.5.3 cDNA第一链合成第二步的反应体系

试剂名称	体积
5×第一链合成缓冲液	4μL
0.1mol/L DTT	2μL
RNA 酶抑制剂	1μL

（3）在室温下加入 1μL M-MLV 逆转录酶，用移液枪轻轻吹打混合，37℃环境下孵育 50min。

（4）70℃环境下孵育 5min 以终止反应，即获得第一链 cDNA。该 cDNA 可直接用作 PCR 的模板，也可用于 cDNA 第二链合成（双链 cDNA）。

【思考题】

（1）什么是 cDNA？如何制备？制备过程中应注意哪些细节？

（2）逆转录酶有哪些？根据什么进行命名？

（3）合成 cDNA 的引物有哪些？如何选择？

实验 32　DNA 聚合酶链式反应

PCR 及其产物检测（PPT）

【实验原理】

PCR

DNA 聚合酶链式反应，即 PCR，是一种在体外快速扩增目的 DNA 片段的分子实验技术。该技术以大片段核酸分子为模板，利用 DNA 聚合酶，按照碱基互补配对的原则，催化脱氧核糖核苷酸分子合成新的子链。在反应过程中，由于聚合酶本身活性需要，反应依赖与模板互补配对的一小段寡聚单链脱氧核糖核酸分子，称为引物（primer）。

PCR 由变性、退火（或复性）和延伸三个基本步骤构成。变性是指模板 DNA 加热至约 95℃（94～98℃）并持续一定时间后解链为两条单链 DNA。退火是指当样品从 95℃快速降温达到约 55℃（该温度依据引物而定）时，引物与单链 DNA 模板的互补序列配对结合形成局部双链。延伸是指引物与模板形成双链后，快速升温至 72℃时，在 DNA 聚合酶的催化下，合成一条新的与模板 DNA 链互补的子链。这样一个过程称为 PCR 的一个循环，每个循环需 2～4min。每一次循环的产物成为下一次循环的模板。重复循环约 30 次，其间目的 DNA 片段以 2 的指数倍增加，在 2～3h 内，目的 DNA 片段扩增到模板数量的几百万倍。

【实验目的】

（1）掌握 PCR 的基本原理和操作方法。

（2）掌握 PCR 仪的使用方法。

【实验器材】

器材：移液枪、PCR 仪、0.2mL PCR 专用管等。

材料：DNA 模板（cDNA 或基因组 DNA 均可）、目的基因片段的特异性上/下游引物（2～10μmol/L）。

试剂：PCR 试剂盒［含 10×PCR 缓冲液、10mM dNTP、*Taq* DNA 聚合酶（5U/μL）］。

【实验步骤】

（1）PCR 反应体系：取两个 PCR 专用管（编号为 1 和 2），依次加入试剂（表 2.5.4），反应体系为 20μL。其中，1 号管为阴性对照，不加模板；2 号管为实验组，加 DNA 模板。试剂加完后混合均匀，短暂离心。

表 2.5.4　PCR 反应体系

试剂/μL	样品		
	1	2	备注
ddH_2O	15	14.5	加水至 20μL
10×PCR 缓冲液	2.0	2.0	
dNTP	0.8	0.8	
上游引物	1.0	1.0	
下游引物	1.0	1.0	
Taq DNA 聚合酶	0.2	0.2	
模板 DNA	—	0.5	1.0～100ng

（2）PCR 程序：95℃/5min；（95℃/1min，55℃/1min，72℃/2min）×30；72℃/10min；4℃/∞。

（3）PCR 运行：将样品放入 PCR 仪，运行程序。

（4）PCR 产物检测：取 1～5μL PCR 产物进行琼脂糖凝胶电泳检测。

【思考题】

（1）循环次数是否越多越好？为什么？

（2）哪些因素会导致非特异性条带的出现？如何避免？

（3）退火温度和延伸时间分别取决于什么因素？应如何设定？

（4）委托生物公司进行引物合成时，较易出现的问题是什么？

（5）除了 *Taq* DNA 聚合酶，还有哪些其他 DNA 聚合酶？与 *Taq* DNA 聚合酶有何异同？

实验 33　实时荧光定量 PCR

实时荧光定量 PCR（PPT）

【实验原理】

实时荧光定量 PCR，即 qPCR，是对 PCR 产物进行定量分析的技术。其原理是在常规 PCR 的基础上结合荧光共振能量转移技术，加入荧光标记探针，将核酸扩增、杂交、光谱分析和实时检测技术结合在一起，利用荧光信号来检测 PCR 产物。随着循环数的增加，PCR 产物不断积累，荧光信号也不断加强。扩增产物量是以荧光信号强度大小的形式直接呈现，即扩增曲线，其呈平滑的 S 形曲线。在 PCR 早期，产物积累少，产生荧光的水平不能与荧光本底背景明显地区别（又称起始期），之后荧光水平的增加进入指数期，达到这一节点所经历的循环数称为阈值循环数（threshold cycle，Ct）。Ct 值与模板的起始拷贝数存在线性关系，拷贝数越多，Ct 值越小；反之，Ct 值越大，并以此作为 qPCR 的定量依据。

qPCR 可分为 *Taq* Man 探针法和 SYBR 荧光染料法两种。①*Taq* Man 探针法是高度特异性的定量 PCR 技术。PCR 扩增时在加入一对引物的同时加入一个特异性的荧光探针，该探针为一寡核苷酸，两端分别标记一个报告荧光基团和一个淬灭荧光基团。探针完整时，报告基团发射的荧光信号被淬灭基团吸收；PCR 扩增时，*Taq* 酶的 5′→3′外切酶活性将探针酶切降解，使报告荧光基团和淬灭荧光基团分离，从而荧光监测系统可接收到荧光信号，即每扩增一个循环，就会伴随着荧光信号的产生，随着循环数的增加，释放出的荧光信号不断积累。荧光信号强度与扩增产物的数量成正比，荧光信号的强弱代表了模板的数量。②SYBR 荧光染料是一种 DNA 结合染料，可非特异性掺入双链 DNA 的小沟部位，发射荧光信号，而不与双链 DNA 结合的 SYBR 染料无荧光信号，从而确保荧光信号强度的增加与 PCR 产物的增加完全同步。SYBR 荧光染料同时可与反应体系中引物二聚体、非特异性扩增产物等双链 DNA 结合，导致定量结果不准确，因此使用这种非特异性荧光染料，需对扩增产物做溶解曲线分析。溶解曲线（dissociation curve）是 qPCR 重要指标之一，表示随温度升高，DNA 双螺旋结构的降解程度。理想的溶解曲线应为单峰、尖锐，表明引物特异性高。异常的溶解曲线可能会出现双峰、杂峰等，表明引物自身形成二聚体，或与模板发生了非特异性结合。

【实验目的】

（1）学习和掌握实时荧光定量 PCR 的原理和基本操作方法。

（2）熟悉 qPCR 仪的使用。

【实验器材】

器材：qPCR 仪、掌式离心机、移液枪、八连管（0.2mL）。

材料：DNA 模板（cDNA 或基因组 DNA 均可）、目的基因片段和内参的上/下游引物。

试剂：qPCR 试剂盒。

【实验步骤】

（1）qPCR 反应体系：按表 2.5.5 制备反应体系（建议在冰上操作），内参和实验组的区别在于添加的引物不同，其他完全相同。每个组别至少进行 2 次技术重复，一般建议重复 3 次。

表 2.5.5　qPCR 反应体系

试剂/μL	组别	
	内参	实验组
2×Premix Ex Taq™ II	12.5	12.5
上游引物（10 μmol/L）*1	1.0	1.0
下游引物（10 μmol/L）*1	1.0	1.0
DNA 模板（<100 ng）*2	2.0	2.0
灭菌 ddH_2O	8.5	8.5
总计	25	25

*1　通常引物终浓度为 0.4μmol/L 可以得到较好结果。反应性能较差时，可以在 0.2～1.0μmol/L 范围内调整。

*2　在 25μL 的反应体系中，DNA 模板的添加量通常在 100ng 以下。因不同种类 DNA 模板中含有的靶基因拷贝数不同，必要时可进行梯度稀释，确定合适的 DNA 模板添加量。

（2）qPCR 程序：根据实际需求，可选用两步法 qPCR 或三步法 qPCR。

两步法：预变性（95℃/30s）；PCR 反应（95℃/5s，60℃/30s）×40。

三步法：预变性（95℃/30s）；PCR 反应（95℃/5s，55℃/10s，72℃/10s）×40。

（3）qPCR 运行：将样品放入 qPCR 仪，运行程序。

（4）qPCR 结果分析：确认 qPCR 的溶解曲线和扩增曲线。

【思考题】

（1）什么是 qPCR 的溶解曲线和扩增曲线？它们的意义分别是什么？

（2）什么是 Ct 值？有何意义？

（3）qPCR 试剂盒和 qPCR 仪都有哪些品牌？在选择使用方面有何经验心得？

（4）qPCR 中，内参基因选择的依据是什么？其作用是什么？

实验 34　动物组织源性的鉴定

【实验原理】

不同物种都有其独特的 DNA 序列，特别是线粒体 DNA 的细胞色素氧化酶 b 亚基（Cytb）的序列在物种间存在差异，具有物种特异性。因此，通过设计物种特异性引物实施 PCR 或 qPCR，即可对物种归属不明确的组织器官进行鉴定。确立物种鉴定体系，对一个国家在生态资源保护方面是不可或缺的。本实验以猪、牛和鸡源的组织为实验材料，对其进行鉴定。

【实验目的】

（1）理解掌握动物源性鉴定的方法和意义。

（2）巩固 DNA 纯化方法、PCR 以及 DNA 琼脂糖凝胶电泳方法。

【实验器材】

器材：DNA 纯化、PCR 以及 DNA 琼脂糖凝胶电泳相关器材。

材料：猪肉、牛肉、鸡肉三个物种的 Cytb 上、下游引物［详细引物序列可参考标准《肉及肉制品中动物源性成分的测定 实时荧光 PCR 法》（SB/T 10923—2012）］。

试剂：DNA 纯化、PCR 以及 DNA 琼脂糖凝胶电泳相关试剂。

【实验步骤】

（1）纯化各样品的 DNA：按实验 28 的方法纯化各样品的 DNA。

（2）PCR：按实验 32 的方法实施 PCR，实验设计见图 2.5.1。

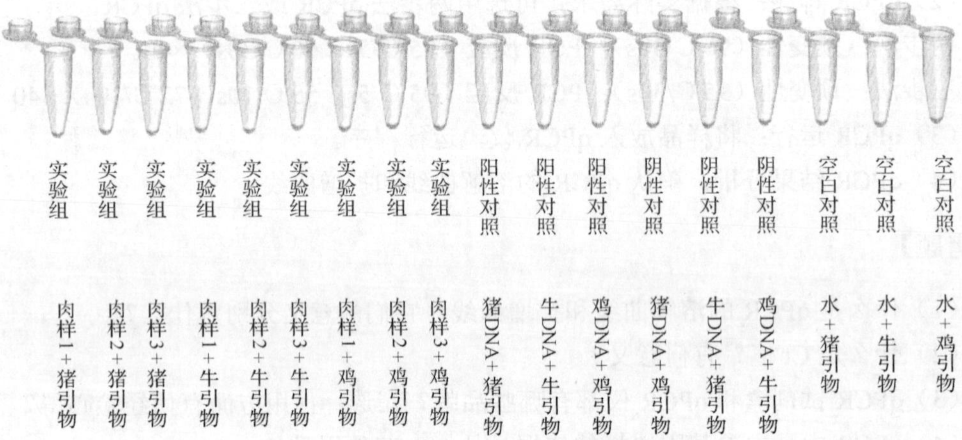

图 2.5.1　区分猪肉、牛肉、鸡肉的实验设计

（3）PCR 产物检测：按实验 27 的琼脂糖凝胶电泳检测方法进行 PCR 产物的检测。

【思考题】

（1）PCR 技术能否用于熟肉的动物源性成分鉴定？为什么？

（2）本实验加样分组中，设置阴性对照组和空白对照组的意义是什么？

（3）绘出实验的理论结果。

第6章 基因工程

基因工程（gene engineering），又称为DNA重组技术（DNA recombinant technique），是指利用各种限制性核酸内切酶（restriction enzyme，RE）和DNA连接酶（ligase）等工具酶，在体外将目的基因（target gene）（或称外源DNA）和载体（vector）DNA进行连接从而实现DNA重组，形成新的质粒（plasmid），即重组质粒。然后，将其转入宿主细胞（转化或转染），使外源DNA在宿主细胞中得以表达，并获得相关产物或改变生物原有的遗传性状。基因工程主要包括目的基因的获取、连接反应（目的基因与载体重组为新的质粒）与转化、阳性重组子的筛选和鉴定、目的基因的表达与鉴定等步骤。

实验35 目的基因片段的获得

目的基因片段获得（PPT）

【实验原理】

获取目的基因片段是基因工程的第一步，目前常用的方法有人工合成和PCR两种。人工合成就是将目的基因片段碱基序列提供给生物公司，由公司对目的基因片段进行化学合成。PCR，则如前所述，直接以基因组DNA或经mRNA反转录而成的cDNA作为模板，设计特异性引物，在特定条件下短时间内使目的基因片段得以大量扩增，以实现目的基因片段的获取。本实验采用PCR方法获得目的基因片段。

【实验目的】

（1）掌握目的基因片段获得方法。
（2）掌握DNA凝胶回收的方法。
（3）巩固PCR、琼脂糖凝胶电泳技术。

【实验器材】

器材：PCR及其产物检测相关器材、切胶仪、手术刀、高速离心机、金属浴、NanoDrop微量分光光度计。

试剂：PCR、琼脂糖凝胶电泳、DNA切胶回收相关试剂盒等。

【实验步骤】

（1）PCR方法扩增目的基因片段：根据实验具体要求，准备相应模板（基因组DNA或cDNA），使用PCR方法扩增目的基因片段，具体方法参见实验32。

（2）PCR 产物检测：用琼脂糖凝胶电泳检测 PCR 产物，具体方法参见实验 27。

（3）切胶回收（以某研究所试剂盒为例进行说明）：①通过凝胶成像仪确认目的基因片段是否扩增，并进行拍照记录；②将胶块放在切胶仪上，选用刀口长的医用手术刀切出含有目的基因片段的胶块，并放入已称重的 1.5mL 离心管中；③称量切下的胶块重量（如果胶块过大，可以将胶块切碎或用 1mL 枪头在离心管内将其捣碎），加入等体积的溶液 I（溶胶液）（1mg 胶对应 1μL 溶液 I），放入 50～60℃金属浴中，直至胶全部熔化（其间进行颠倒混匀 3～4 次）；④将熔化的胶液倒入 DNA 纯化柱内（纯化柱套在收集管里面），室温放置 1min，然后离心（16 000*g*，室温，1min）（后续离心条件与此相同）；⑤将纯化柱取出，倒掉收集管内的废液，再将纯化柱放回收集管（后面的操作相同），在柱内加入 700μL 溶液 II（洗涤液），离心；⑥去废液，柱内再加入 500μL 溶液 II，离心；⑦去废液，再离心 1min，然后快速将 DNA 纯化柱移入另一 1.5mL 干净的离心管内；⑧加入 30μL 纯水或溶液 III（洗脱液）至管内柱面上，静置 1min，离心，所得液体即为纯化的 PCR 产物。

（4）PCR 产物的浓度和纯度检测：切胶回收后的 PCR 产物浓度检测方法有 3 种。①采用传统的紫外分光光度计测定：在 2μL 样品中加入 98μL 纯水混匀（稀释 50 倍），放入石英比色皿，分别测定 260nm 和 280nm 波长下的 OD 值，计算样品的浓度和纯度；②使用 NanoDrop 可直接测定切胶回收的 PCR 产物的浓度和纯度；③通过 DNA 琼脂糖凝胶电泳进行检测。

【思考题】

（1）DNA 切胶回收时要注意哪些细节？

（2）利用分光光度计检测切胶回收的 PCR 产物的浓度和纯度时，为何需要对样品进行稀释？

（3）测定核酸浓度有哪些方法？各有何利弊？

（4）委托生物公司进行目的基因片段的化学合成时，需要注意哪些问题？

实验 36　连接反应与转化

连接反应与转化（PPT）

【实验原理】

目的基因片段经过连接酶催化整合到经核酸内切酶消化的质粒载体上，构建含有目的基因片段的重组质粒，该过程称为连接反应（ligation）。

目前最常用、最简单的连接方法称为 TA 克隆（TA cloning），是全世界通用的实验技术，在市场上可以购买 TA 克隆试剂盒。试剂盒提供 T-载体，该载体两端均有一个单个的脱氧核糖胸苷酸 T。在 PCR 过程中，最常用的 DNA 聚合酶是 *Taq*，该酶催化扩增的PCR产物两端均多出一个单个的脱氧核糖腺苷酸A，该A和T-载体上的T发生碱基互补配对，然后在连接酶的催化下使载体和PCR产物发生重组形成新的质粒，这就是TA克隆技术的理论依据。根据实际需要，可以选择使用T-载体，也可自备载体。前者的优势在于当PCR产物仅为一条清晰主条带时，可取少量PCR产物直接用于连接反应（免去切胶回收的步骤）；后者的优势在于其定向连接，假阳性率相对较低。选用自备载体，或者是实验的特殊需求，或者是实验室内已确立良好的实验体系，实验条件和技术相对成熟。本实验使用T载体进行TA克隆。

很多生物公司都有连接试剂盒，提供快速连接和传统连接的2种缓冲液。重组质粒不能自动进入宿主细胞（如大肠埃希菌），需要对其进行特殊处理，即通过理化方法增加宿主细胞膜通透性，这种细胞称作感受态细胞。重组质粒与感受态细胞进行混合孵育，然后通过物理或化学的方法使重组质粒进入细菌，此过程称为转化（transformation）。接受质粒的细菌能够存活，通过一定时间的培养形成菌落，称为转化子（transformant）。若细菌接受的质粒中含有目的基因片段，则称其为阳性重组子（positive recombinants），需要通过一定的方法进行筛选鉴定。

【实验目的】

（1）掌握连接反应原理和实验操作。

（2）掌握转化原理和实验操作。

【实验器材】

器材：恒温振荡器、恒温培养箱、金属浴、移液枪、制冰机、离心机、超净工作台。

材料：目的基因片段、T-载体（或自备的载体）、DNA连接试剂盒、感受态细胞、LB液体培养基、含抗生素的LB固体培养基、纯水、碎冰。

试剂：

（1）LB液体培养基：①称量1g蛋白胨、0.5g酵母粉和1g NaCl溶于80mL纯水中，然后定容至100mL，混合均匀，移入广口试剂瓶中；②高压灭菌（121℃，15min），冷却后于4℃冰箱保存备用。

（2）抗生素溶液制备：最为常用的抗生素有氨苄青霉素（ampicillin，Amp）和卡那霉素（kanamycin，Kan）。①100mg/mL Amp：称量50mg Amp溶于0.5mL灭菌纯水中，−20℃保存备用（使用时须稀释1 000倍，即在500mL LB液体培养基中加入0.5mL该抗生素溶液）。②50mg/mL Kan：称量25mg Kan溶于0.5mL灭菌纯水中，−20℃保存备用（使用时须稀释1 000倍，方法同Amp）。

（3）LB固体培养基（含抗生素）：又称LB平板，具体制备方法如下。①制备100mL LB液体培养基倒入200mL锥形瓶；②称量1.5g琼脂粉倒入锥形瓶中，摇匀（无大的琼脂块），用锡纸盖住锥形瓶口；③高压灭菌；④灭菌结束后立即从灭菌锅取出，摇匀

（避免局部高浓度的琼脂在冷却过程中凝固成块）；⑤若制备不含抗生素的 LB 固体培养基，则待溶液冷却至约 50℃时，直接向直径 9cm 的一次性无菌培养皿或已灭菌的直径 10cm 玻璃培养皿中倒入 15～20mL，凝固后倒置于 4℃冰箱保存备用；⑥若制备含抗生素的 LB 固体培养基，待溶液冷却至约 50℃时，在无菌条件下，先加入相应的抗生素（如加入 100mg/mL Amp 100μL），迅速混合均匀。后续步骤同⑤。

【实验步骤】

（1）传统连接：①取灭菌处理过的 1.5mL 离心管；②按照表 2.6.1 所示制备连接体系，目的基因（外源 DNA）按照载体 2～10×摩尔添加，反应体系为 10μL（建议水最先加）；③加入所有试剂后，轻轻混匀，短暂离心（使反应液集中于离心管的底部），在 16℃环境下孵育 12～16h。

表 2.6.1　传统连接体系

试剂/μL	组别		
	1	2	3
水	8	7	5
10×连接酶缓冲液	1	1	1
载体	1	1	1
目的基因	0	0	2
连接酶	0	1	1

（2）快速连接：按照表 2.6.2 制备连接体系，与传统连接不同之处在于：①使用的缓冲液不同（2×快速连接缓冲液）；②孵育温度和时间不同（在 25℃环境下孵育 5～15min）。

表 2.6.2　快速连接体系

试剂/μL	组别		
	1	2	3
水	4	2	1
2×快速连接缓冲液	5	5	5
载体	1	1	1
目的基因	0	0	2
连接酶	0	1	1

（3）转化。①感受态细胞：从-80℃超低温冰箱取出感受态细胞，于冰上解冻。

②冰浴：取 3 个离心管，编号 1～3，按照表 2.6.3 所示向各管添加相应试剂，轻轻混合均匀，冰上孵育 30min。③热激：42℃环境下放置 90s，再放回冰上 1～2min，每管加入无抗生素的常温（或 37℃预热）LB 液体培养基 160μL，混匀。④孵育：放入 37℃恒温振荡器，以 150r/min 孵育 45～60min（目前也有不需要孵育的产品），其间细菌恢复正常生长状态，产生抗药性。⑤涂板：取摇匀后的菌液 100μL 涂布于含抗生素的 LB 固体培养基上，正面向上放置，待菌液完全被培养基吸收。⑥过夜培养：将平板倒置于 37℃恒温培养箱，12～16h。⑦次日，将转化结果填入表 2.6.4，对转化结果进行分析和判断。

表 2.6.3 转化体系

试剂	组别		
	1	2	3
重组质粒（连接产物）/μL	2	0	2
感受态细胞/μL	40	40	0
纯水/μL	0	2	40

表 2.6.4 菌落生长情况

培养基性质及结果分析	组别		
	1	2	3
不含抗生素培养基	有大量菌落生长	有大量菌落生长	无菌落生长
含抗生素培养基	有菌落生长	无菌落生长	无菌落生长
结果分析	重组质粒进入细菌产生抗性	没有细菌产生抗性	质粒溶液无杂菌

【思考题】

（1）如何计算载体和目的基因片段的摩尔比例？

（2）连接反应需注意哪些细节？

（3）连接反应和转化为什么要设置对照组？

（4）连接酶在生物体内如何行使功能？

（5）什么是 TA 克隆？

（6）如何解释实验组未长出菌落？

（7）若实验组出现了菌落，是否可以确认实验成功了？为什么？

（8）对液体进行高压灭菌时，应注意哪些问题？

实验 37　阳性重组子的初步筛选

转化成功，出现菌落（colony），说明有质粒进入了感受态细胞，但并不意味着该质粒是重组质粒，或者说即使是重组质粒，也并不能说明其中的插入片段为目的基因。因此，在实施后续实验之前，包括重组质粒回收和 DNA 碱基序列测定，有必要进行阳性重组子的初步筛选。当然，最终需要通过DNA碱基序列测定才能确定是否为真正的阳性重组子。

阳性重组子的初步筛选（PPT）

【实验原理】

筛选阳性重组子的简单且性价比较高的方法是“菌落 PCR（colony PCR）”，是以菌落悬浮液作为 PCR 扩增模板，故得名。引物往往使用载体上/下游的通用引物（universal primers）。通过比较菌落 PCR 与原 PCR 的产物大小，初步判断是否为阳性重组子。具体判断原则如下：若载体上/下游引物的位置到载体两末端的碱基数分别为 50 和 100，那么菌落 PCR 的产物长度要比原 PCR 产物长度多出 150bp。换句话说，原 PCR 产物的长度是 250bp，其真正的阳性重组子的菌落 PCR 产物长度应为 400bp，否则基本上为假阳性。

【实验目的】

（1）理解菌落 PCR 的原理和操作方法。

（2）巩固 PCR 和琼脂糖凝胶电泳技术。

【实验器材】

器材：PCR 和琼脂糖凝胶电泳相关器材。

材料：菌落（LB 平板）、载体上/下游引物（10μmol/L）。

试剂：普通 PCR 试剂盒［或 2×预混（Premix）PCR 试剂盒］、LB 液体培养基［参见实验 36 试剂（1）］、矿物油（mineral oil）、琼脂糖凝胶电泳相关试剂（参见实验 27）等。

【实验步骤】

（1）菌落悬浮液：①取 4 支 0.5mL 离心管，并依次编号 1～4；②每管加入 10μL LB 液体培养基；③用接种环或量程 10μL 的移液枪枪头挑取 LB 平板上的单菌落，并将其悬浮于离心管中的 LB 液体培养基中。

（2）菌落 PCR 反应体系：①取 4 支 0.2mL PCR 专用管，编号 1～4；②按照表 2.6.5 或表 2.6.6 所示，制备 4 管 10μL 的 PCR 反应体系（除了模板为不同菌落悬浮液外，其他试剂完全相同），混合均匀，短暂离心；③每管加入 10μL 矿物油（避免样品中的水分过度蒸发影响实验结果）；④将剩余的菌落悬浮液置于 4℃环境下保存备用。

表2.6.5 菌落PCR反应体系（普通PCR试剂盒）

试剂	样品编号			
	1	2	3	4
H_2O/μL	6	6	6	6
10×PCR缓冲液/μL	1	1	1	1
dNTP/μL	0.4	0.4	0.4	0.4
载体上游引物/μL	1.0	1.0	1.0	1.0
载体下游引物/μL	1.0	1.0	1.0	1.0
Taq（DNA聚合酶）/μL	0.1	0.1	0.1	0.1
菌落悬浮液/μL	0.5	0.5	0.5	0.5

表2.6.6 菌落PCR反应体系（2×Premix PCR试剂盒）

试剂	样品编号			
	1	2	3	4
H_2O/μL	2.5	2.5	2.5	2.5
2×Premix（含dNTP和*Taq*）/μL	5	5	5	5
载体上游引物/μL	1.0	1.0	1.0	1.0
载体下游引物/μL	1.0	1.0	1.0	1.0
菌落悬浮液/μL	0.5	0.5	0.5	0.5

（3）PCR程序确认及运行：①确认PCR程序［比如：95℃/2min；（95℃/1min，55℃/1min，72℃/2min）×30；72℃/8min；4℃/∞］；②将样品放入PCR仪；③运行PCR。

（4）确认PCR产物：取5μL PCR产物进行琼脂糖凝胶电泳检测。

（5）阳性重组子筛选：根据PCR产物的长度，筛选并保留阳性结果对应的重组子菌落悬浮液，以备后续扩大培养，纯化质粒。

【思考题】

（1）为什么建议进行阳性重组子的筛选？

（2）菌落PCR反应管中，若不加矿物油可能会出现什么情况？

（3）为什么说菌落PCR的结果只能初步筛选阳性克隆，并不能确定一定是阳性克隆？

（4）只做一个菌落PCR是否可以？为什么？什么情况下只做一个菌落PCR？

（5）在整个PCR实验中，你认为哪些环节耗时最长？应如何解决？

（6）当需要做多个样品的PCR时，如何操作可提高效率？

实验 38　重组质粒的纯化与鉴定

完成阳性重组子的初步筛选后，需对其进一步扩大培养，以纯化重组质粒。一方面用于测序分析，另一方面为后续实验做准备。

重组质粒的纯化与鉴定（PPT）

【实验原理】

目前，最常用的质粒分离方法为碱裂解法。含有 SDS 的碱性溶液导致细菌细胞裂解，使染色体 DNA 和质粒同时释放，此时染色体 DNA 发生变性。当用高浓度的乙酸缓冲液将裂解液中和至中性时，已变性的染色体 DNA 缠绕在一起，并在 SDS 的作用下形成沉淀，可以通过离心除去，而小分子质粒 DNA 保留在溶液中。实际工作中，质粒的分离很少使用传统的酚/氯仿抽提法，更多地使用试剂盒，利用其中的核酸亲和柱吸附离心上清液中的质粒 DNA，再通过相应的洗涤液和洗脱液处理亲和柱的方法，最终获得纯度较高的质粒。

【实验目的】

（1）掌握质粒回收的原理。

（2）掌握高质量质粒回收的具体操作方法。

（3）掌握质粒回收的注意事项及其意义。

【实验器材】

主要仪器：超净工作台（生物安全柜）、恒温振荡器、高速离心机、金属浴、移液枪、分光光度计（配套石英比色皿）、NanoDrop 微量分光光度计、摇菌管等。

材料：初筛的阳性重组子菌落悬浮液。

试剂：

（1）质粒回收试剂盒、纯水、无水乙醇。

（2）LB 液体培养基：制备 100mL［参见实验 36 试剂（1）制备方法］。

（3）抗生素溶液制备：制备相应的抗生素［参见实验 36 试剂（2）制备方法］。

【实验步骤】

（1）阳性重组子的扩大培养：①准备相应数量的摇菌管并编号；②取出经菌落 PCR 初步筛选的阳性重组子的悬浮液；③在无菌环境下每管加入 2mL 含相应抗生素的 LB 液体培养基；④在无菌环境下每管接种筛选的重组子悬浮液 0.2μL；⑤将接种好的摇菌管放入 37℃恒温振荡器，以 150rpm 培养 12～16h（过夜培养）。

（2）质粒回收：以某生物公司的试剂盒为例进行说明。①收集菌体：将过夜培养的菌液倒入 2mL 离心管中，离心（16 000g，室温，30s），尽量去掉上清液（摇菌管保留至 DNA 测序分析结束）。②悬浮菌体：加入 Buffer I（含 RNase A）（悬浮液）250μL，用移液枪反复吹打，将菌体充分悬浮（无明显的菌块）。③菌体裂解：加入 Buffer II（裂解液）250μL，缓慢并充分地颠倒离心管 4～6 次，再静置 2～5min，至溶液变透明。④中和：加入 Buffer N8（中和液），缓慢并充分地颠倒离心管 4～6 次，至溶液中出现黄色沉淀，16 000*g* 离心 2min。⑤纯化柱吸附质粒：将上清液直接倒入 DNA 纯化柱内（纯化柱套在收集管中），离心（16 000*g*，室温，30s）。⑥洗涤纯化柱：将纯化柱移开，倒掉收集管内的液体，再将纯化柱放回收集管（后面的操作相同），在柱内加入 800μL Buffer W2（已加入无水乙醇）（洗涤液），离心（16 000*g*，室温，30s）。⑦去除洗涤液：去废液，再离心 1min，然后快速将 DNA 纯化柱移入 1.5mL 洁净的离心管内。⑧质粒收集：在纯化柱内，加入 60～100μL 纯水或 Buffer E（洗脱液）至管内柱面上，静置 1min，离心（16 000*g*，室温，1min），即得纯化的质粒溶液。

（3）质粒的浓度和纯度检测：方法同实验 35 中 PCR 切胶回收样品的浓度和纯度检测。

【思考题】

（1）为什么需要保留培养菌液的摇菌管？

（2）为什么需要彻底悬浮菌体？

（3）若裂解时间过长会产生什么问题？

（4）质粒回收过程中，为什么需要彻底去除洗涤液？若有残留，会有什么影响？

（5）纯化重组质粒有何用途？

实验 39　重组质粒的 DNA 限制性内切酶消化及其检测

通过菌落 PCR 可大大提高重组子的阳性率，但仍不能避免假阳性的出现。通过对重组质粒的 DNA 限制性内切酶消化（DNA restriction enzyme digestion）（酶切），结合琼脂糖凝胶电泳检测，可进一步提高重组子的阳性率。

重组质粒的 DNA 限制性内切酶消化及其检测（PPT）

【实验原理】

不同基因或 DNA 片段都有其独特的碱基序列，对一种质粒或 DNA 片段进行某种（组）特定的酶切处理，得到的酶切产物是固定的，即酶切处理后 DNA 片段的数量以及每个片段的长度是不变的。因此，预测已知碱基序列 DNA 样品的特定酶切产物比较简单。对已纯化的重组质粒进行酶切并进行琼脂糖凝胶电泳检测，根据条带数量及其长度与预测结果进行比对，若与预期相符，可基本确定为阳性重组质粒，反之可能为假阳性。

【实验目的】

（1）掌握 DNA 限制性内切酶消化区分阳性和假阳性重组子的原理。

（2）掌握 DNA 限制性内切酶消化的具体操作方法和注意事项。

（3）进一步巩固琼脂糖凝胶电泳实验技术。

【实验器材】

器材：金属浴、移液枪、离心管、琼脂糖凝胶电泳相关器材等。

材料：4 个纯化的重组质粒。

试剂：DNA 限制性内切酶及相应的缓冲液、琼脂糖凝胶电泳相关试剂等。

【实验步骤】

（1）DNA 酶切反应体系制备：①准备 4 支 0.5mL 离心管，分别编号 1～4；②按照表 2.6.7 所示，向 4 个离心管加入相应的试剂，混合均匀，短暂离心，使样品集中于离心管底部。

表 2.6.7　限制性内切酶反应体系

试剂	样品编号			
	1	2	3	4
10×缓冲液/μL	1	1	1	1
重组质粒/μL	0.5	0.5	0.5	0.5
酶/（10U/μL）	0.1	0.2	0.2	0.2
H_2O/μL	补齐至 10			

（2）酶切：将上述样品放入对应温度的金属浴，孵育 1h。

（3）琼脂糖凝胶电泳检测：检测重组质粒酶切产物（参见实验 27）。

（4）判断阳性重组子：如果 1 个 6 000bp 的阳性重组质粒有 2 个 *Eco*R I 酶切位点，经理论分析，产生 5 200bp 和 800bp 的条带各 1 个。如果电泳检测结果与此相符，说明该质粒（基本上）为阳性重组质粒；反之，该质粒（很大可能性）为假阳性。

【思考题】

（1）如果琼脂糖凝胶电泳结果与理论预测相符，该质粒是否一定是阳性克隆？为什么？

（2）如果琼脂糖凝胶电泳结果与理论预测不相符，该质粒是否一定是假阳性？为什么？

（3）准备质粒酶切反应体系的过程中，酶最多可以加多少？

（4）以 TAKARA 的限制性内切酶为例，常用的酶有哪些？酶切缓冲液有哪些？

（5）TAKARA 的 *Eco*R I，有哪些产品？在使用方面应如何区分？

实验40 感受态细胞制备及其效价检测

大肠埃希菌（*Escherichia coli*），是基因工程中使用最多的原核宿主细胞。用于转化的大肠埃希菌是经过一定处理以后，使其膜通透性大大增加，处于容易接受外源基因的状态，称为感受态细胞（competent cells）。感受态细胞的质量直接影响转化（效）率，是基因工程的关键一环。因此，掌握高质量的感受态细胞的制备方法十分必要。当然，也可从生物公司直接购买使用。转化率又称效价，是指 1μg 标准质粒（如 pUC19）能够产生的转化子数量（菌落数）。本实验介绍氯化钙法和电转化用感受态细胞的制备方法。

感受态细胞制备及其效价检测（PPT）

【实验原理】

处于对数生长期的大肠埃希菌，细胞的生理状况最佳。OD_{600} 接近 0.6 时大肠埃希菌即处于对数生长期，此时细胞密度高。收集该时期的细菌，是制备优质感受态细胞的前提。然后根据不同转化方法进行相应的处理，即可获得高质量的感受态细胞。

【实验目的】

（1）理解感受态细胞的重要性。

（2）掌握两种高质量感受态细胞的制备方法。

（3）掌握感受态细胞转化率的计算方法。

【实验器材】

器材：恒温培养箱、恒温振荡器、高速冷冻离心机、金属浴、电击仪、移液枪、巴氏管（1mL 和 3mL）、碎冰、液氮。

材料：大肠埃希菌感受态细胞的菌种（−80℃保存）、标准质粒 pUC19（0.1ng/μL）（使用前稀释 10 倍）。

试剂：

（1）LB 液体培养基：制备 200mL LB 液体培养基，分成 2 份，分别倒入 250mL 锥形瓶中，盖上锡纸，高压灭菌，备用［参照实验 36 试剂（1）的制备方法］。

（2）100mg/mL Amp：制备 0.5mL，−20℃保存备用［参照实验 36 试剂（2）的制备方法］。

（3）LB 平板：制备 2 个不含抗生素的 LB 平板和 4 个含 Amp 的 LB 平板［参照实验 36 试剂（3）的制备方法］。

（4）100mmol/L 氯化钙：①称量 $CaCl_2 \cdot 2H_2O$（MW141.01）7.05g 或 $CaCl_2$（MW110.98）5.55g 溶于 400mL 纯水中，然后定容至 500mL；②高压灭菌；③冷却后保存于 4℃冰箱备用（使用前冰浴）。

（5）含 10%甘油的 100mmol/L $CaCl_2$：①称量 $CaCl_2$（MW110.98）0.555g 或 $CaCl_2 \cdot 2H_2O$（MW141.01）0.705g 溶于 38mL 纯水中；②加入 5mL 甘油，混合均匀，再用纯水定容至 50mL；③高压灭菌；④冷却后保存于 4℃冰箱备用（使用前冰浴）。

（6）灭菌超纯水：量取 500mL 纯水放入试剂瓶，高压灭菌，冷却后置于 4℃冰箱保存备用（使用前冰浴）。

（7）10%甘油水溶液：①先用量筒量取 50mL 甘油倒入试剂瓶中，然后用 450mL 纯水洗涤量筒，全部并入试剂瓶；②高压灭菌；③冷却后保存于 4℃冰箱保存备用（使用前冰浴）。

（8）GYT 培养基：①称量蛋白胨 125mg 和酵母粉 62.5mg 溶于 35mL 纯水中；②加入 5mL 甘油，摇匀，用水定容至 50mL，倒入试剂瓶；③高压灭菌；④冷却后，置于 4℃冰箱保存备用（使用前冰浴）。

【实验步骤】

（1）单菌落培养：①从 4℃冰箱取出不含抗生素的 LB 平板，待其达到室温（～25℃）；②从超低温冰箱中取出菌种（Top10 或 DH5α），置于冰上解冻；③在无菌条件下，使用接种环或量程 200μL 的枪头在不含抗生素的 LB 平板上划线；④在 37℃恒温培养箱中倒置培养 12～16h（过夜培养）；⑤将平板取出，确认有单菌落。

（2）前培养：①取 2 支摇菌管，在无菌条件下各加入 2mL 不含抗生素的 LB 液体培养基；②在无菌条件下，从上一步的平板上挑取单菌落分别接种到 2 管 LB 液体培养基中；③将接种好的摇菌管放入 37℃恒温振荡器，以 150r/min 培养 12～16h。

（3）细胞培养。①接种：在无菌条件下，取 1mL 前培养接种到装有 100mL LB 液体培养基的锥形瓶中。②培养：把锥形瓶放入 37℃恒温振荡器，以 300r/min 培养 2～3h。③终止培养：在培养期间，当培养液变浑浊以后，开始测定 OD_{600}（波长 600nm 下的光吸收值），当该值介于 0.55～0.6 时，立即将培养液取出，并在冰水中快速摇动，使培养液温度快速降至 0℃。

（4）细胞收集：将 2 种 100mL 培养液分装到 4 个已灭菌的 50mL 离心管，离心（4℃，3 300*g*，2min）（后续离心条件相同），尽量去掉上清液（不要吸走细菌）。其中，2 管用于氯化钙法制备感受态细胞，另外 2 管用于制备电转化用感受态细胞。

（5）氯化钙法（感受态细胞的制备）。①100mmol/L $CaCl_2$ 悬浮：在收集细菌的 2 支离心管加入 30mL 预冷的 100mmol/L $CaCl_2$，使用 3mL 巴氏管快速而柔和地将细菌彻底悬浮（巴氏管悬浮），冰水中孵育 30min，离心。②含 10%甘油的 100mmol/L $CaCl_2$ 悬浮：去掉上清液，每管加入含 10%甘油的 100mmol/L $CaCl_2$ 1.25mL，用 1mL 巴氏管悬浮细胞。③分装：继续使用 1mL 巴氏管向 1.5mL 离心管中分装上述细菌悬浮液 0.1mL，然后快速盖紧盖子，放入液氮中。④保存其中一管进行后续的效价检测，剩余的全部移入-80℃超低温冰箱，保存备用。

（6）电转化用感受态细胞的制备。①纯水洗涤：每管加入30mL预冷的灭菌超纯水（冷水），巴氏管悬浮，离心，该操作重复3次。②10%甘油洗涤：去掉上清液，每管加入10%甘油15mL，巴氏管悬浮，离心，该操作重复2次。③GYT培养基悬浮：去掉上清液，每管加入1.25mL GYT培养基，使用1mL巴氏管悬浮细胞。④分装和保存同氯化钙法。

（7）氯化钙法感受态细胞的转化：具体操作步骤参见实验36的转化步骤，不同之处在于以下两点。①本实验使用1μL标准质粒pUC19（0.01ng/μL），而不是连接产物；②涂板时使用20μL转化液，涂板2个。

（8）电转化感受态细胞的转化：①用纯水彻底清洗电击杯（无水残留），置于冰上备用；②将液氮中的感受态细胞置于冰上解冻，取其中的40μL放入另一个新的干净的1.5mL离心管中；③取1μL标准质粒pUC19（0.01ng/μL）加入感受态细胞，并使用枪头轻轻混合均匀；④将上述混合液移入电击杯，放入电击仪，电击；⑤迅速向电击杯加入160μL无抗生素的常温（或37℃预热）LB液体培养基，混合均匀；⑥把转化液快速从电击杯中吸出，移入摇菌管，放入37℃恒温振荡器，150r/min孵育45～60min；⑦取2次20μL转化液，分别涂布于2个含Amp的LB固体培养基上，正面向上放置，待菌液完全被培养基吸收；⑧将平板倒置于37℃恒温培养箱，12～16h。

（9）效价计算。①标准质粒使用量：转化实验中使用0.01ng/μL pUC19 1μL，即0.01ng（10^{-5}μg标准质粒）。②涂板：转化液共计200μL，涂板时使用20μL，为转化液总体积的1/10；③菌落数量：数出2个平板上的菌落数，取其平均值。④计算1μg标准质粒转化的菌落数，即该批次感受态细胞的效价。具体公式如下：

$$效价=菌落数\times 10\times 10^5$$

若菌落数为100，则效价为10^8；若菌落数为1 000，则效价为10^9。

【思考题】

（1）制备优质的感受态细胞，最基本的前提是什么？
（2）洗涤或悬浮细胞的过程中，为什么动作既要轻柔又要快速？
（3）本实验的感受态细胞制备方法，与以往的方法有什么不同？
（4）完成转化后，为什么需要在37℃恒温振荡器中孵育45～60min？

第3篇

经验分享

在长期从事生命科学研究的过程中，人们会发现即使按照既定的方案或常规的方法实施实验，也总会遇到这样或那样的问题。有些时候，实验没有结果，以失败而告终，这往往是因为实验操作不当或操作不够严谨所致。也有些时候，不论重复多少遍，得到的实验结果总是与预期不同，而这往往与科学上的新发现相关联。作为大学本科的动物生物化学实验，实验内容与科学研究有着本质上的区别。科学研究属于创新性研究，或者是前人没有做过的，或者我们认为前人的做法仍有改进优化的空间。大学实验更多的是验证性实验，即使是综合性或设计性实验，我们都清楚其实验结果。可是，在实际工作中我们发现，完完整整地再现他人做过的实验，并不是一件容易的事情。可见，实践教学对大学生科研训练的重要性。希望通过该经验分享，给学生带来更多的思考和启发，使其能够更好地完成每一次实验，品味实验成功的快乐和成就感，引导学生成为国家未来科学研究的后备力量。

分享 1　对本科动物生物化学实验的认识

我开始教“动物生物化学实验”这门课程，是在 2013 年，至今已经 10 余年。虽然每年做的实验内容大体相似，但是，每年我都坚持做一件事，即在学生上实验课之前，带领研究生做准备实验。我所说的准备实验，并不只是配试剂、购买或准备实验材料以及确认实验所需仪器。除了这些，更重要的是把每次学生要做的实验提前完完整整地做一遍。这项工作已成为我校动物生物化学实验课程的重要组成部分。近几年，学院引进一些年轻教师，他们又带着他们的研究生做准备实验。事实上，准备实验较为辛苦，会占用老师很多的时间。既然这样，为什么还要坚持呢？

我的目的很简单，就是要确认所有试剂和实验材料无误，确保学生的每次实验都能成功。那么，我们又为什么一定要执着于学生实验的成功呢？实验失败不是很正常的事情吗？这就涉及教师对实验课程的理解和认识。大学的实验以验证性内容为主，即使是综合性或设计性实验，实验结果都是清楚的。通过我们近十年来的努力说明，只要教师认真准备，学生都能够成功完成这些实验。尽管有时会出现异常情况，使得老师不得不投入更多的时间不断重复实验，寻找实验失败的原因，但幸运的是，待学生做实验时，相应问题都已得到解决。

客观上，实验失败确实是常事儿，但是，这更多的是指科学研究，是指前人没有做过的创新性的工作。就大学的实验而言，如果教师没有使用自己准备的试剂和材料做过实验，而所有参与学生的实验都失败了，那么教师是无法排除“准备实验不充分”导致学生实验失败的。如果此时，教师对学生说“失败乃成功之母，过程比结果更重要”，那么教师实际上是在逃避自己的责任，这是不应该的。

在我国，由于高考竞争压力，学生对科学研究的兴趣培养更多是在大学期间。如果通过我们的努力，使学生每次实验都能成功，让他们体会实验成功带来的快乐和成就感，那么，相信会有更多的学生对实验和科学研究产生兴趣，思考毕业后是否应该继续深造，乃至走上科学研究的道路。作为大学教师，能为国家培养优秀的科学研究后备力量，是一件幸福和有成就感事情。

分享 2　唾液淀粉酶活性观察实验的趣事

唾液中含有唾液淀粉酶，该酶是最容易最经济的能从动物体内采集的酶，适用于作为大学本科动物生物化学实验中观察验证酶特性的实验材料。以下与大家分享一些实验过程中发生的真实故事和一些技巧。

这个实验，我们建议学生 2 人一组，自己找搭档。在一节实验课上，一位女生指着一位男生说："我要和他一组。"遗憾的是 2 人的唾液即使没有稀释，也没有检测到唾液淀粉酶的活性，最后只好借用他人唾液完成实验。还有一次，一位从外专业转到动物医学专业的学生做实验，他的唾液即使连续 6 次 2 倍比稀释仍具有极强的唾液淀粉酶活性，只好再继续进行 2 倍比稀释。可见，唾液淀粉酶的活性在人与人之间存在很大的差异。

另外，我们都很清楚，在合适的条件下，底物一旦与酶发生接触，酶促反应立即启动，而该实验中包含的一系列小实验基本上在 3～5min 内完成，因此清晰的实验思路对该实验结果显得格外重要。如果事先没有想好，而是一边思考一边操作，那么有可能在发生问题的时候为时已晚，观察不到理想的实验结果。这完全是由于实验前准备不充分，使样品没有得到应有条件的处理导致的，是人为因素造成的实验失败。有关温度对酶促反应速度的影响，按以下方法操作，可以减少操作上的时间差对实验结果可能带来的不利影响。首先准备 3 份完全相同的样品（没有加入稀释的唾液）；然后把样品先分别放入装有碎冰的小烧杯（0℃）中，37℃和 100℃的金属浴；最后再向 3 个样品中快速加入稀释的唾液，混合均匀并开始计时。做任何实验，教师都应该引导学生先捋清实验思路（可以建议学生把实验的具体操作细节写出来），然后再开始实验操作。通过这样的方式，使学生认识和领会清晰的实验思路对实验的重要性，引导学生主动培养和锻炼自己良好的实验习惯。

还有，在实验过程中加入一些小的技巧能够显著提升实验效果，给学生带来惊喜和快乐。唾液淀粉酶特异性检测实验最后一步是加入班氏试剂后煮沸 10 min，再观察实验结果。该实验也许是该课程实施过程中不同小组之间结果差异最大的一个内容。当然，以蔗糖为底物的样品不发生颜色变化，这一点在所有小组都是一样的。但是，以淀粉为底物的实验组产生的氧化亚铜（Cu_2O）在不同小组之间差异甚大，有的小组整管样品呈砖红色，更多的是蓝绿色溶液中含有不同量的 Cu_2O，能看出小组间溶液颜色的差异，但 Cu_2O 看清程度不同。此时，如果使用离心机对样品进行短暂离心（5 000*g*，10s），学生就很容易观察到离心管底部清晰的砖红色 Cu_2O 沉淀。学生对这一步操作都非常认可。

分享3　碱性磷酸酶活性检测实验的趣事

虽然有些溶液可以长期保存，但是由于本科实验教学空间有限，将这些溶液全部存放到下一个年度，几乎是不现实的，至少在我院是这种情况。换句话说，每个实验用到的试剂每年都要重新配制。按照我们的要求，重新配制了试剂，须在学生做实验之前，教师或研究生使用这些试剂完整地做一遍实验，以确保实验试剂和材料的准确。

我们做本书的碱性磷酸酶活性检测实验时，使用的酶是学生纯化的不同阶段的肝脏碱性磷酸酶样品（A、B、C、D），底物为磷酸苯二钠（参见实验22），在该酶催化下生成一定量的苯酚，然后通过 King 氏法（产生红色醌类化合物）对酶的活性进行定性或定量分析。我们曾有过两次艰难的准备实验，幸运的是，在学生实验之前，我们解决了相关问题。

第一次，研究生制备的“底物”出现问题。研究生制备溶液后，标记该溶液为“底物”，并未标出溶液的浓度和全称。这种非规范的做法为我后来寻找实验失败的原因带来了极大的困扰。那么，我是如何发现“底物”有问题的呢？①使用标准酚的阳性对照实验是成功的，表明实验组中无苯酚生成。那么，就要确定是底物还是酶液出了问题。②我使用 A 液（肝脏匀浆液，尚未进入纯化步骤，具有酶活性）做了实验，结果失败，表明底物有问题。③与研究生交流后发现，学生制备的底物确实不是磷酸苯二钠，而是对硝基磷酸苯二钠。但是，此时我无法确定该化合物能否被碱性磷酸酶催化产生苯酚，于是我重新配制磷酸苯二钠，并将其与对硝基磷酸苯二钠进行了平行实验。结果表明，磷酸苯二钠组出现红色醌类化合物，对硝基磷酸苯二钠组无红色醌类化合物生成。系列实验分析证实，的确是“底物”出了问题。可见，试剂标签的正确填写、科学的实验设计（如阳性对照或阴性对照），对一位科研工作者来说，是多么重要的必修课，或者也可以说是基本素质。

第二次，NaOH 溶液出了问题。这次的准备实验都不记得做了多少遍，先是研究生做，再是年轻教师做，最后我来做。当时，年轻老师的研究室恰好有碱性磷酸酶检测试剂盒，使用该试剂盒实验成功了，表明底物和酶液均无问题，那么问题只能出在检测试剂上。但是检测试剂涉及多种溶液，很难找出。在重复实验的过程中，我偶然“瞄”到标准酚是在 NaOH 溶液中，同时发现 NaOH 固体试剂所剩无几，于是我推测可能是 NaOH 潮解所致。我使用新的 NaOH 固体试剂重新配制 NaOH 溶液（或使用2倍体积的原 NaOH 溶液），实验成功了。真正的问题果然是 NaOH。就这样，戏剧性地找到了第二次准备实验失败的原因。

分享4 制备细胞色素c的“事件”

细胞色素 c 的制备实验，通常比较容易成功的。另外，该实验涉及盐溶/盐析等实验技术，对大学生来说是非常有意义的一个实验。却有一年，这个准备实验，我断断续续做了一个多星期。恰好那一次由于学校运动会与学生上课时间重叠，实验课推迟了一周，这使我有反复思考并尝试各种条件的机会，最终找到的原因让人哭笑不得。

使用猪心制备细胞色素 c，第一步是称 1g 猪心放入研钵，再加入 1mL 0.145mol/L 三氯乙酸进行研磨，然后移入匀浆器匀浆，再移入 2mL 离心管，并在旋转摇床摇动 1h（参见实验 13）。正常情况下，此时样品中的液体略带红色（细胞色素 c 是含铁卟啉的有色蛋白），如果样品溶液无色，则表明细胞色素 c 没有从细胞中释放出来，继续后续实验实际上是完全没有意义的。此次准备实验，问题就是发生在这个环节。遗憾的是，当时尚缺乏实验经验，我并没有关注这个实验现象，花了很多时间寻找其他原因，唯独没有怀疑的是第一步的试剂——0.145mol/L 三氯乙酸溶液（当时已经制备 3 次了）。之所以没太在意这个溶液是因为它成分单一，不需要调整 pH，只需要正确计算并称量三氯乙酸溶于水，最后定容到一定体积即可。

既然找不到实验失败的原因，索性从试剂制备开始。与其他实验一样，一旦准备实验出了问题，我都会做一些对比试验，即用我自己制备的 0.145mol/L 三氯乙酸和原来的 0.145mol/L 三氯乙酸做平行实验。结果在使用氨水调整匀浆上清液的 pH 时发现，使用两个不同的人制备的“0.145mol/L 三氯乙酸”所需要的氨水量差别很大。这个差异使我不得不怀疑问题出在“0.145mol/L 三氯乙酸”溶液上，也许两者的 pH 有差异。检测结果证实了我的推测，两者的 pH 差异甚大。于是，我找到制备过 3 次该溶液的人，仔细询问制备过程。他的话吓得我瞠目结舌，因为他每次称量试剂时，总是担心称量不足，所以称量完试剂之后还会“再补上”一点。他的这种不严谨的行为直接导致配制的溶液浓度高于试剂瓶上标出的浓度。查阅资料我们可以发现，过高浓度的三氯乙酸会使蛋白质发生变性，在细胞内变性的蛋白不被释放到细胞外。

关于各种生化试剂，不同的实验可能对溶液的浓度和 pH 要求的严格程度不同。在一定范围内的变化，对有些实验可能不产生明显的影响，但是对细胞色素 c 制备的实验却产生了严重的影响。在我们身上发生的细胞色素 c 制备的“事件”，再次给我们敲响警钟。科学研究，不容一点点马虎，哪怕是简单的溶液制备，也必须严肃认真，一丝不苟。

分享5 “70%乙醇”不能使DNA析出？

熟悉分子生物学的人都清楚，在含有DNA的水溶液中加入2.5倍体积的无水乙醇，颠倒混合均匀，即可观察到经典的白色絮状DNA的出现，此时的乙醇浓度为70%（准确浓度为71.43%），所以70%乙醇析出DNA是DNA纯化实验中的重要步骤之一。本书的实验28是“动物肝脏DNA的提取与检测”，这个实验就是使用该方法将DNA从水相中析出。但是，在十余年的教学过程中，有两次，学生告诉我，加了无水乙醇以后并没有出现白色絮状DNA。换句话说，“70%乙醇”没有使DNA析出。大家也许发现，这里我使用了2种70%乙醇表示方法，带双引号和不带双引号的。为什么区别表示，我在后面再进行说明。

首先让我们回到中学时代，回想一下化学实验课。那时的我们已经知道，浓硫酸的比重大于水，浓硫酸遇水产生大量的热量，所以稀释浓硫酸时，必须将浓硫酸沿着容器壁缓慢加入水中，并不断进行搅拌，使产生的热量快速扩散。反之，如果把水加到浓硫酸中，那么两者相遇时产生的热量足以使水沸腾，导致浓硫酸溶液溅出容器，若是溅到人的皮肤上，将造成不同程度的灼伤。那么，稀释浓硫酸与70%乙醇有何关系呢？实际上，在这里我想引出的关键词是“比重”。

我们都知道水的比重为1，浓硫酸（98%）的比重（1.84）大于水，无水乙醇的比重小于水（0.789），两者的比重与水的比重均有一定的差异。在一种溶液中加入比重大于该溶液的第二种溶液时，第二种溶液会沉入容器的下方（浓硫酸沉在水的下面），如果第二种溶液的比重小于第一种溶液，第二种溶液会位于第一种溶液的上面（无水乙醇在水上面）。

在本书中，我们明确要求，“在含有DNA的水溶液中缓慢加入2.5倍体积的冷无水乙醇（注意观察发生的现象），轻轻颠倒混匀，每颠倒一次观察现象（白色絮状物是否出现，若出现，量有何变化）”（参见实验28）。上述2组学生之所以没有观察到“白色絮状”DNA，是因为他们加入无水乙醇以后并没有进行颠倒混匀的操作，结果水相和无水乙醇基本没有发生混合，没有形成真正的70%乙醇环境，下面仍然是含DNA的水相，上面是无水乙醇。所以前面我使用的“70%乙醇”指的是水和无水乙醇没有发生混合的情况，并不是我们试验提到的70%的乙醇。

尽管作为教师的我们，很认真地准备实验，给学生讲解实验内容，但总有部分学生粗心大意。有些时候，学生的粗心大意向教师提出了新的挑战。可以说，学生们在失败中吸取教训，不断成长，这也丰富了我们的经验，成就了我们的今天，感谢亲爱的同学们。

分享6　纸层析鉴定酶促转氨基作用中多出的层析斑

纸层析鉴定酶促转氨基作用的实验，其理想结果是出现3个层析斑。如果检测的是丙氨酸氨基转移酶（又称谷丙转氨酶）的活性，其底物可以选择丙氨酸，也可以选择谷氨酸。选择的底物不同，层析斑出现的位置也会有所不同。如果选择丙氨酸，2个层析斑位于上方（距离原点的高度相同），还有1个层析斑在低位。如果选择谷氨酸，2个层析斑位于下方，另一个层析斑在高位。实际实验中，除了预期的3个层析斑以外，有时还会出现额外的层析斑。这种情况是表明实验失败了吗？如果不是，又该如何解释呢？

该实验出现的层析斑，不论是3个还是多于3个，都是茚三酮试剂与氨基酸发生化学反应的体现。换句话说，只要在层析纸的某个位置，某种氨基酸的量达到茚三酮试剂的检测范围，该位置就应该出现层析斑。那么，在层析纸上是否只在上述的3个位置存在氨基酸呢？至少在本书的实验体系中，这个答案是否定的。

实际上，点到层析纸上的样品，除了底物和产物，还含有酶液。按照本书的实验方法，酶液即肝脏匀浆液，其中含有其他氨基酸。因此，如果点样过多，随着酶液带进来的其他氨基酸的量也会增加，达到一定量以后就会被检测到，就会出现前面提到的额外的层析斑。如果点样量太多，实验结果可能呈现为长带，而不是斑点。

如果实验结果只出现3个层析斑，那是否意味着样品中不含其他氨基酸呢？这个问题需要从两个方面分析。首先，如果按照本书的实验体系，其他氨基酸是确实存在的，只是通过酶液带进去的其他氨基酸的量没有达到茚三酮反应能够检测到的程度；其次，如果使用的酶液不是组织匀浆液，而是纯度很高的酶制剂，那么几乎可以认为样品中不含其他氨基酸。

根据上述分析，利用本书的试验体系，若想获得理想的实验结果，点样是最关键的环节。点样过多，可能出现额外的层析斑；点样过少，层析斑可能不显现。因此，教师或研究生在做准备实验的时候，可以进行不同点样量之间的比较，选出合适的点样量，供学生参考。但是，上面阐述的问题，教师应该心里有数，可以给学生抛出问题，让他们思考，培养和锻炼学生利用所学理论知识分析和解决实际问题的能力，进而使学生领悟学习理论知识的重要性，引导学生主动学习。

最后，还有一点想与各位读者分享。若想得到干净漂亮的层析结果，一定不要污染层析纸，点样过程中要戴手套操作。否则，除了层析斑，偶尔会出现指纹，影响美观。

参 考 文 献

陈俊辉, 李俊, 2014. 生物化学实验[M]. 北京: 科学出版社.
丛峰松, 2005. 生物化学实验[M]. 上海: 上海交通大学出版社.
高继国, 郭春绒, 2009. 普通生物化学教程实验指导[M]. 北京: 化学工业出版社.
高玲, 易晓华, 2018. 生物化学实验[M]. 北京: 高等教育出版社.
高英杰, 郝林琳, 2011. 高级生物化学实验技术[M]. 北京: 科学出版社.
郭蔼光, 郭泽坤, 2007. 生物化学实验技术[M]. 北京: 高等教育出版社.
何忠效, 2004. 生物化学实验技术[M]. 北京: 化学工业出版社.
胡兰, 2006. 动物生物化学实验教程[M]. 北京: 中国农业大学出版社.
姜余梅, 2017. 生物化学实验指导[M]. 北京: 中国轻工业出版社.
李留安, 袁学军, 2014. 动物生物化学实验指导[M]. 北京: 清华大学出版社.
李庆章, 2015. 动物生物化学实验指导[M]. 北京: 高等教育出版社.
李树伟, 张剑云, 2012. 生物化学实验[M]. 北京: 北京科学技术出版社.
刘国章, 杨凤琼, 2012. 实用生物化学实验实训教程[M]. 武汉: 华中科技大学出版社.
刘戟, 曾凡才, 2017. 生物化学与分子生物学基础实验教程[M]. 北京: 科学出版社.
刘箭, 2015. 生物化学实验教程[M]. 北京: 科学出版社.
刘荣梅, 李海涛, 2018. 基础生物化学实验指导[M]. 北京: 中国农业出版社.
刘士平, 龚美珍, 2014. 生物化学实验[M]. 武汉: 华中科技大学出版社.
刘维全, 2014. 动物生物化学实验指导[M]. 北京: 中国农业出版社.
刘治国, 2014. 生物化学实验[M]. 武汉: 华中科技大学出版社.
刘煜, 2007. 生物化学实验指导[M]. 北京: 人民卫生出版社.
罗献梅, 2013. 动物生物化学实验[M]. 兰州: 西北师范大学出版社.
沈剑敏, 2020. 生物化学实验[M]. 兰州: 兰州大学出版社.
石庆华, 2006. 生物化学实验指导[M]. 北京: 中国农业出版社.
邵雪玲, 毛昕, 郭一清, 2003. 生物化学与分子生物学实验指导[M]. 武汉: 武汉大学出版社.
邵颖, 董玉玮, 2021. 生物化学实验[M]. 北京: 中国纺织出版社.
孙聪, 柳春, 2012. 生物化学与分子生物学实验教程[M]. 北京: 清华大学出版社.
王丽燕, 2017. 生物化学实验指导[M]. 北京: 北京理工大学出版社.
王宪泽, 2002. 生物化学实验技术原理和方法[M]. 北京: 中国农业出版社.
王小柯, 王守训, 2010. 生物化学与分子生物学实验指导[M]. 北京: 军事医学科学出版社.
王琰, 钱士匀, 2005. 生物化学和临床生物化学检验[M]. 北京: 清华大学出版社.
王玉明, 2017. 医学生物化学与分子生物学实验技术[M]. 北京: 清华大学出版社.
王元秀, 李华, 张恒, 2014. 生物化学实验[M]. 武汉: 华中科技大学出版社.
战广琴, 钱万英, 2001. 生物化学实验[M]. 北京: 中国农业大学出版社.
张变红, 刘敏, 2017. 生物化学与分子生物学基础实验指导[M]. 上海: 华东师范大学出版社.
张杰道, 齐盛东, 2021. 生物化学实验技术原理和方法[M]. 北京: 中国农业出版社.
张宽朝, 金青, 2019. 生物化学实验指导[M]. 北京: 中国农业大学出版社.
张丽萍, 魏民, 王桂云, 2011. 生物化学实验指导[M]. 北京: 高等教育出版社.
张嵘, 2019. 生物化学与分子生物学实验[M]. 北京: 中国医药科技出版社.

张书汁，张朝辉，黎婷, 2022. 动物生物化学[M]. 武汉：华中科技大学出版社.

张雪燕, 2015. 生物化学实验[M]. 兰州：兰州大学出版社.

章正瑛, 2007. 生物化学实验指导[M]. 北京：第二军医大学出版社.

周顺伍, 1986. 动物生物化学实验指导[M]. 北京：中国农业出版社.

朱利泉, 2020. 基础生物化学实验原理与方法[M]. 北京：科学出版社.

邹思湘, 2014. 动物生物化学[M]. 北京：中国农业出版社.

JIANG G, ZHAO H, LIU H, et al., 2018. Prevention of solution leakage during polyacrylamide gel preparation[J]. IJRDO-Journal of Biological Science, 4(9): 21-24, 2.

ZHAO L, ZHAO H, LIU H, et al., 2018. Effect of centrifugation on competent cells of *Escherichia coli*[J]. IJRDO-Journal of Biological Science, 4(9): 18-20.

附录1　实验报告模板

（以浙江农林大学为例）

浙江農林大学

2022-2023 学年第一学期

《动物生物化学实验》

实验报告

实验题目：______________________________

学院名称：　　动物科技学院、动物医学院

学生姓名：　　　　×××

专业班级：　　动物科学×××

学生学号：　××××××××××××（点名册序号××）

任课教师：　　　　×××

完成日期：　　　年　　月　　日

实验题目

实验原理:

实验目的:

实验器材:

实验步骤:

实验结果:

讨论:

附录 2　中英文对照

4-AAP (4-amino-antipyrine)	4-氨基安替比林
Acr (acrylamide)	丙烯酰胺
agarose gel electrophoresis	琼脂糖凝胶电泳
AK (arginine kinase)	精氨酸激酶
ALT (alanine aminotransferase)	丙氨酸氨基转移酶
alkaloid precipitaion	生物碱沉淀法
Amp (ampicillin)	氨苄青霉素
AP (alkaline phosphatase)	碱性磷酸酶
APS (ammonium persulfate)	过硫酸铵
Arg (arginine)	精氨酸
Asp (asparatic acid)	天门冬氨酸
β-mercaptoethanol	β-巯基乙醇
biochemical incubater	生化培养箱
Bio-Gel	聚丙烯酰胺凝胶
Bis (*N*, *N'*-methylenebisacrylamide)	*N*, *N'*-亚甲基双丙烯酰胺
blood sugar	血糖
bromophenol blue	溴酚蓝
buffer	缓冲液
casein	酪蛋白
CAT (catalase)	过氧化氢酶
cDNA (complementary DNA)	互补 DNA
cellulose acetate electrophoresis	乙酸纤维素薄膜电泳
centrifugation	离心
centrifuge	离心机
chemical balance	分析天平
cholesterol	胆固醇
chromatography	层析法，色谱法
CM (carboxymethyl) cellulose	羧甲基纤维素
colony	菌落
colony PCR	菌落 PCR
competent cells	感受态细胞

constant-temperature equipment	恒温设备
constant temperature incubator	恒温培养箱
constant temperature oscillation incubator	恒温振荡培养箱
coomassie brilliant blue	考马斯亮蓝
Ct (cycle threshold)	阈值循环数
Cys (cysteine)	半胱氨酸
DEAE (2-diethylaminoethy) cellulose	二乙氨乙基纤维素膜
dissociation curve	解离曲线
DNA recombinant technique	DNA 重组技术
dry(metal) bath	干式恒温器（金属浴）
EB (ethidium bromide)	溴化乙啶
EDTA (ethylene diamine tetraacetic acid)	乙二胺四乙酸
electrothermostat	电热恒温箱
electrophoresis	电泳
Eppendorf	艾本德（移液枪品牌）
Escherichia coli	大肠埃希菌
$FDAH_2$	琥珀酸呼吸链
fixed angle type	定角式（离心机转子的一类）
Gilson	吉尔森（移液枪品牌）
Glu (glutamic acid)	谷氨酸
GPT (glutamic pyruvic transaminase)	谷丙转氨酶
gas chromatography	气相色谱
gel filtration chromatography	凝胶柱层析
gene engineering	基因工程
Gly (glycine）	甘氨酸
glycerol	甘油（丙三醇）
heavy metal precipitation	重金属沉淀法
His (histidine)	组氨酸
homogenizer	匀浆器
HPLC (high performance liquid chromatography)	高效液相色谱
insert (segment)	插入片段（目的基因）
ion exchange chromatography	离子交换层析
pI (isoelectric point)	等电点
Kan (kanamycin）	卡那霉素
ketone body	酮体
ligase	连接酶
ligation	连接反应

loading buffer	上样缓冲液
Lys (lysine)	赖氨酸
mortar	研钵
metabolism	新陈代谢
micropipette	移液枪
mineral oil	矿物油
MW (molecular weight)	分子量
NAD^+ (nicotinamide adenine dinucleotide)	还原型烟酰胺腺嘌呤二核苷酸
NanoDrop	微量分光光度计
native PAGE	非变性聚丙烯酰胺凝胶电泳
organic solvent precipitation	有机溶剂沉淀法
oscillator	振荡器
PAGE (polyacrylamide eletrophoresis)	聚丙烯酰胺凝胶电泳
paper chromatography	纸层析
PCR (polymerase chain reaction)	DNA 聚合酶链式反应
pH meter	pH 计，酸度计
Phe (phenylalanine)	苯丙氨酸
plasmid	质粒
positive recombinants	阳性重组子
precipitation	沉淀
primer	引物
protein	蛋白质
protein precipitation	蛋白质沉淀
qPCR(quantitative real-time PCR)	实时定量 PCR
RCF (relative centrifugal force)	相对离心力
RE (restriction enzyme)	限制性（核酸）内切酶
RPM (revolutions per minute)	转数
Rf (rate of flow)	比移值
salting out	盐析
SDH (succinate dehydrogenase)	琥珀酸脱氢酶
SDS (sodium dodecyl sulfate)	十二烷基磺酸钠
SDS-PAGE	SDS-聚丙烯酰胺凝胶电泳
Sephadex	葡聚糖凝胶
Sepharose	琼脂糖凝胶
shaker	摇床
spectrophotometer	分光光度计
swing type	荡式（离心机转子的一类）

Taq	DNA 聚合酶（用于 PCR）
TA cloning	TA 克隆
tare	去皮键（分析天平）
target gene	目的基因（插入片段）
TEMED (*N*, *N*, *N*′, *N*′-tetramethyl ethylene diamine)	*N*, *N*, *N*′, *N*′-四甲基乙二胺
thermal precipitation	热沉淀法
TLC (thin layer chromatography)	薄层层析
tricine	三羟甲基甘氨酸
Tris (Tris hydroxymethyl aminomethane)	三羟甲基氨基甲烷
Tm (melting temprature)	熔解温度
transformant	重组子
transformation	转化
Trizol	总 RNA 的抽提试剂
Trp (tryptophan)	色氨酸
Tyr (tyrosine)	酪氨酸
ultrasonic cell breaking instrument	超声波细胞破碎仪
universal primers	通用引物
V_C (vitamin C)	维生素 C
vector	载体
water bath	水浴锅
well	上样孔